KB062540

어느 날 아이가 스스로 공부하기 시작했다

· 일러두기

이 책은 아이를 돌보는 모든 독자를 대상으로 집필하였으며
상황에 따라 '엄마' 또는 '아빠'로 표기했습니다.

어느날아이가
스스로 공부하기
시작했다

아이의 공부 습관을 바꾸는 부모의 힘

임영주 지음

교보문고

오늘도 공부 안 하는 아이를 혼냈다면, 아이의 공부 마음을 찾아주세요

"아직도 학습지 다 못 풀었어?"

"공부하라고 했더니 또 게임하니?"

"다른 애들은 잘하는데 왜 너만 못해!"

평온했던 부모와 아이 관계는 '공부'를 사이에 두면서 혼란과 시련에 빠집니다. 부모는 아이의 능력이 궁금하고, 아이의 뛰어남을 보며 뿌듯함을 느끼고도 싶습니다. 그러면서 '내 아이가 공부를 못하면 어쩌나' 하는 불안함과 아이를 잘 가르쳐야 한다는 책임감이 마음 한편에 자리 잡기 시작합니다. 아이가 밝고 건강하게 자라길 바라던 부모의 마음은 옆집 아이가 한달 만에 한글을 뗐다는 말에, 내 아이와 비슷한 또래가 영어로 술술 대화하는 모습에

덜컥합니다. 우리 아이도 이제 공부를 시작할 때가 됐다며 엄청난 열정과 에너지를 아이의 공부에 쏟아붓습니다.

문제는 부모가 생각하는 목표나 기준이 아이의 능력과 관계없이 늘 높다는 것입니다. 아이는 공부보다 노는 것을 더 좋아합니다. 게다가 이제 막 시작한 공부는 아이 나름대로 열심히 하지만 아직 서툴고 어렵습니다. 부모는 자신의 기대치에 다다르지 못하는 아이를 보며 뒤처지는 것은 아닌지 걱정합니다. 같은 상황이 몇 차례 반복되면 서서히 실망감이 들고 아이에게 공부하라는 잔소리를 하기 시작합니다.

걱정이 실망이 되면 같은 의미도 다르게 표현됩니다. "네가 선택해 볼래?"라고 할 말도 "어디 한번 얼마나 잘 고르는지 보자"라며 애매하게 말합니다. "그렇게 할까?"라며 아이의 의견을 받아들여야 할 때도 "네가 선택한 거니까 나중에 다른 말 하지 마"라며 인색하게 대응하게 됩니다.

이제 막 공부라는 새로운 세계에 발을 들인 아이는 그곳을 탐험하기도 전에 부모의 높은 기대와 목표에 짓눌려 부담을 느낍니다. 아이가 공부와 친해지려면 아이에게 공부는 만만한 것이어야 합니다. 할 수 있겠다는 자신감과 해냈을 때의 성취감, 그리고 부모에게 인정받는다는 자존감을 느꼈을 때 공부를 해볼 만하다고 받아들일 수 있습니다. 공부할 마음이 생기는 것이죠.

　그런데 많은 부모가 아이의 공부할 마음을 기다려주지 않습니다. 내 아이만큼은 '조금만 더 열심히 했더라면…' 하는 아쉬움이 남지 않도록 자꾸만 아이를 다그칩니다. 아이는 공부 때문에 부모가 화를 내고 실망하는 불편한 감정을 경험하면서 조금씩 공부할 마음을 닫습니다. 공부는 부모와 자신의 사이를 갈라놓는, 그래서 하기 싫은 것이 되고 마는 것입니다.

　'공부 잘하는 아이'를 향한 열정이 여전히 가득한 부모는 어느새 공부는 뒷전이 된 아이를 보며 원인을 찾습니다. 이때 자신의 방식이 잘못된 것은 아닌지 뒤돌아보는 대신 아이의 공부머리를 탓합니다. 자신의 노력에도 불구하고 아이의 공부머리가 부족해 따라오지 못하는 것이라고 모든 원인을 아이에게 돌리는 것이죠. 그러나 공부와 멀어지는 아이의 행동에는 공부할 마음이 사라졌다는 가장 큰 이유가 존재합니다.

　공부를 시작한 아이에게 필요한 것은 국어, 영어, 수학을 잘하는 공부머리가 아닙니다. 공부하고 싶다는 마음, 해야 한다는 마음이 먼저입니다. 공부 마음이 생긴 아이는 등 떠밀지 않아도 알아서 스스로 공부합니다. 아이가 스스로 공부할 마음을 불러일으키는 공부 잠재력은 부모의 태도에 숨어있습니다. 이것을 꺼내주면 공부머리는 자연히 따라옵니다. 부모가 걱정할 것은 아이의 성적이 아니라 학습 동기와 의욕이 없는 것입니다.

이 책에는 아이의 공부할 마음을 키워줄 부모와 아이의 깊고 친밀한 상호작용을 담았습니다. 아이의 학습에 눈뜬 부모가 흔히 하는 실수 중 하나는 대부분의 소통이 공부를 중심으로 이루어진다는 것입니다. 아이가 느끼는 공부의 어려움을 덜어주기 위해서는 무엇보다 아이의 입장에서 생각하고 감정을 어루만져 주어야 합니다. 공부 독려는 그다음입니다.

공부는 아이의 몫이지만 공부하는 아이로 만드는 것은 부모의 몫입니다. 아이가 처음 연필을 잡고 삐뚤삐뚤 글씨를 쓰던 날을 떠올려보세요. 부모와 아이가 함께 느꼈던 해냈다는 성취감과 무엇이든 할 수 있을 것 같은 자신감이 계속되기를 바라며 이 책을 펼쳐 든 여러분을 응원합니다. 언젠가 독자들로부터 이런 피드백을 듣기를 바라는 마음도 함께 담았습니다.

"어느 날 아이가 스스로 공부하기 시작했어요."

단풍 고운 가을날,
임영주 씀

·목차·

2부 아이의 공부 자신감을 키워주는 확실한 습관

3부 아이의 공부 자존감을 높여주는 결정적 조건

4부 아이의 사회생활이 성적을 결정한다

1부

공부머리보다
공부 마음이 먼저다

1

부모의 말습관이
공부 태도를 만든다

아이가 학습을 시작할 시기가 되면 많은 부모가 느끼는 감정이 있다. 바로 '초조함'이다.

'옆집 율이는 벌써 한글을 다 뗐다고 하던데, 우리 애는 아직 숫자도 제대로 못 읽는데 괜찮은 걸까?'
'TV를 보면 우리 애랑 비슷한 또래가 영어로 대화하던데 나만 아이를 너무 풀어놓고 키우는 건 아닌지….'

다른 아이와 내 아이를 비교하며 내심 불안과 조바심을 느낀다. 이런 걱정은 시간이 갈수록 커진다. 문제는 부모가 아이의 학

1. 공부 머리보다 공부 마음이 먼저다   15

습 속도가 또래에 비해 느린 이유를 공부머리가 없기 때문이라고 단정 짓는 데 있다. 하지만 아이마다 성격이나 성장 속도가 다르듯이 공부에 흥미를 보이는 시기와 습득하는 속도도 천차만별이다. 내 아이가 다른 아이보다 조금 빠를 수도, 늦을 수도 있다.

내 아이만 뒤처지는 것 같아 걱정되는 부모가 가장 많이 선택하는 해결책은 '무작정' 공부시키기다. 다른 집 아이가 많이 한다는 학습지와 교재를 풀게 하거나 유명하다는 학원에 보내며 틈날 때마다 공부를 시키려고 한다.

하지만 아이에게 공부를 재촉하거나 강요하는 것은 득보다 실이 더 많다. 재미없는 공부를 억지로 하다 보면 점차 스트레스로 이어져 아이가 공부와 책, 글자, 숫자, 영어에 대한 모든 흥미를 잃어버리고 만다. 또한 스스로 공부하려는 의욕도 사라지고 부모의 초조함만 아이에게 고스란히 옮겨간다.

불안과 초조함을 견디지 못한 부모는 아이의 공부머리를 탓한다. 공부머리가 없어 제대로 따라오지 못한다는 생각에 기다림은 조바심으로 바뀌고, 어느새 다른 아이와 쉴 새 없이 비교한다. 공부를 두고 부모와 아이 사이 감정의 골이 깊어지는 것이다.

중요한 것은 무조건 남보다 빨리 한글을 떼고, 영어로 대화하고, 구구단을 외우는 것이 아니다. 그보다는 아이의 성장 속도에 맞춘 적절한 공부가 필요하다. 아이가 공부를 잘하는지 못하는지를 걱정할 게 아니라 공부에 관심을 보이고 습득해 자신의 것으로 만들 준비가 되었는지부터 파악해야 한다. 즐겁게 공부할 수 있는 환경을 만들어주는 것이 우선인 것이다.

공부를 시작하는 아이에겐 공부머리보다 공부할 마음이 먼저다. 평생 학습 시대에 부모의 역할은 아이가 꾸준히 배우려는 단단한 마음을 가질 수 있도록 돕는 것이다.

공부는 아이의 몫이지만
공부하는 아이로 만드는 것은 부모의 몫이다

아이가 공부할 마음을 갖는 데 가장 큰 영향을 주는 것은 부모의 말과 행동이다. 생애 초기 부모의 양육 방식은 아이에게 절대적 영향을 미친다. 아기에게는 부모가 세상의 전부이며, 부모의 말이 세계가 되고, 부모와의 관계는 대인관계의 바탕이 된다. 아이가 세상을 바라보는 창을 열어주는 것이 부모다. 이때 형성된 시각은 성인이 될 때까지 계속 유지되며 이를 바꾸기 위해서는 많은 노력과 시간이 필요하다. 특히 영유아기와 초등 저학년 시기에 부모의 영향을 받아 형성된 정서와 인지발달은 아이의 평생 공부 습관을 만든다.

그렇다면 부모는 아이에게 어떻게 말하고 행동하고 있을까?

아이들에게 부모에게서 가장 많이 듣는 말을 물어보면 십중팔구는 "밥 먹었니?", "공부했어?"라고 대답한다. 부모는 아이의 행복한 미래를 위한 기본 조건이 건강한 몸과 탁월한 능력이라고 생각하기 때문이다. 결국 부모는 아이에게 공부하라는 말을 할 수밖에 없는 존재다. 지금처럼 태어나는 순간부터 경쟁이 시작되는 아이들 세상에선 더욱 그렇다. 우리나라뿐 아니라 외국으로 유학 간 한국 아이들에게 자라면서 부모에게 가장 많이 들은 말을 물어보면 역시나 대부분 "가서 공부해!"라고 대답한다.

그런데 이 말은 부모가 자라면서 가장 많이 들어온 말이기도 하다. 공부하라는 말을 듣기 좋아하는 아이가 매우 드물듯 지금의 부모 세대 역시 이 말을 지겨운 잔소리로 여기며 자랐다. 어느새 부모가 된 우리는 어린 시절의 기억을 모두 잊고 아이에게 툭하면 공부하라는 말을 반복하는 부모가 되고 말았다.

우리가 어렸을 때 그랬던 것처럼 아이들은 부모가 공부하라며 다그치는 순간 공부하고 싶은 마음이 싹 사라진다. 이때부터 공부를 두고 부모와 아이의 전쟁이 시작된다. 무작정 공부를 강요하는 부모와 어떻게 해서든 빠져나갈 궁리를 모색하는 아이와의 치열한 싸움이다. 이 전쟁에는 승자도, 패자도 없다. 끝없는 싸움 끝에 상처 입은 부모와 아이가 있을 뿐이다.

공부는 아이의 몫이지만 공부하는 아이로 만드는 것은 부모의 몫이다. 아이가 공부해야겠다는 마음을 가지려면 열심히 공부하길 바라는 부모의 말과 행동에 공감해야 한다. 백지 상태로 태어나 스스로 할 수 있는 것이 아직 부족한 아이에게 부모는 세계 그 자체이기 때문이다. 아이는 부모가 보여주는 대로 세상을 보고 들으며 살아갈 방식을 배운다. 스스로 공부하는 아이는 부모의 말과 생각, 행동에 달렸다고 해도 과언이 아니다.

아이가 공부하기 싫어하는 이유는 단순하다. 어렵고 재미없으며, 성취감을 느끼지 못하기 때문이다. 반대로 공부가 쉽고 재미있으며, 공부에서 얻는 즐거움과 기쁨이 큰 아이는 시키지 않아도 알아서 공부한다. 아이가 공부를 대하는 방식은 곧 부모가 아이를 대하는 방식이기도 하다.

하버드 대학교 교육대학원의 조세핀 킴 Josephine Kim 교수는 하버드 학생들에게 어린 시절 부모가 가장 많이 해준 말을 조사했다. 1위는 "다 괜찮을 거야"라는 한마디였다. 아이가 친구와 다투거나 시합에서 지는 크고 작은 실패를 경험할 때마다 괜찮다는 말로 다시 한번 자신을 믿고 도전해 볼 의지를 주었다는 것이다.

예상보다 낮은 점수의 성적표를 가져온 아이에게 "이 점수로 뭘 할 수 있겠니. 얼른 들어가서 공부해!"라며 닦달하는 부모와 "괜찮아, 네가 열심히 한 걸 우린 다 알고 있어. 다음에는 꼭 네가 원하는 성적을 받을 수 있을 거야"라며 위로하는 부모의 말 중 어느 것이 아이의 마음을 움직일까? 공부에 관한 아이의 공감을 이끌어내는 가장 확실한 방법은 먼저 아이의 마음을 읽고 배려하는 섬세함이다. 빨리 공부하라며 다그치는 대신 어떻게 하면 아이 스스로 공부를 하겠다는 자신감과 긍정적인 마음을 심어줄 수 있을지 고민해야 한다.

공부는 장기전이다

아이에게 공부는 매우 장기적인 프로젝트다. 단순히 학원에 보낸다고 해서 성적이 쉽게 오르지 않는다. 아이를 칭찬하거나 혼낸다고 갑자기 아이가 공부에 집중하는 것도 아니다. 크고 작은 칭찬, 꾸준한 보상, 변함없는 믿음과 위로가 필요하다. 또한 아이가 스스로 해낼 수 있다고 믿는 자신감과 여기서 얻는 성취감, 그리고 실패에도 포기하지 않고 다시 도전하는 자존감을 쌓을 수 있도록 지속적으로 동기를 부여해야 한다. 아이가 공부를 즐겁고 가치 있는 일이라고 여기고 시키지 않아도 알아서 스스로 공부하기까지의 모든 순간에 부모의 노력이 함께하는 것이다.

아이가 가장 듣기 싫어하는 공부 이야기는 아이가 성장하는 20여 년간 대화로 주고받아야 하는 주제다. 그런데 공부라는 말만 나와도 아이는 귀를 막고 듣지 않으려 한다면 아이가 공부와 담을 쌓고 있는 것이다. 아이에게 하고 싶은 말, 특히 공부 이야기를 하면서도 아이의 자존감을 건드리지 않는 방법이 무엇보다 중요하다.

부모의 말습관, 아이의 공부 습관

'나는 절대 우리 엄마 같은 부모는 되지 않을 거야.'
'나중에 어른이 되면 아빠처럼 아이를 키우지 말아야지.'
'내가 엄마(아빠)가 되면 아이에게 좋은 말, 예쁜 말만 해야지.'
이런 다짐을 해 본 경험이 있을 것이다. 나는 잘못한 게 없는 것 같은데 엄마와 아빠에게서 날카로운 말을 들었을 때 이런 생각이 들곤 했을 것이다. 부모가 된 지금은 내 입에서 쏟아지는 모든 말이 아이에게 영향을 준다는 것을 알기에 따뜻하고 긍정적인 말로 웃으며 아이를 대하려고 한다. 하지만 바쁜 일상에 치여서, 생각대로 되지 않는 일에 지치고 화가 나서 자신도 모르는 사이에 아이에게 날카롭고 뾰족한 말을 내뱉곤 한다. 특히나 공부에 있어 원하는 모습을 보여주지 않는 아이에게 더욱 그러하다.

"너는 왜 항상 다른 애들보다 배우는 게 느리니? 엄마랑 아빠는 어렸을 때 안 그랬는데. 누굴 닮았는지 모르겠다."

"숫자 공부 싫어? 그래 그럼 앞으로 하지 마. 친구들은 다 숫자 아는데 너만 모른다고 놀려도 어쩔 수 없지 뭐."

이런 말은 좀처럼 부모의 마음을 몰라주는 아이 때문에 나오는 것이 아니다. 시나브로 몸에 밴 부모의 말습관 때문이다. 자신도 모르는 사이 나오는 아이에게 상처 주는 말은 어린 시절 부모에게서 듣고 아팠던 말이거나 어쩌면 지금도 여전히 상처로 남은 말일 가능성이 높다. 오랜 시간 몸과 마음에 쌓인 말습관은 통제할 겨를 없이 툭툭 나오기 일쑤다. 부정적인 부모의 말과 행동은 아이의 학습동기를 방해한다. 며칠 지나면 아이가 잊어버릴 것이라는 안일한 생각은 해서는 안 된다. 아이에게 화낸 뒤 돌아서서 후회한 적이 있는 부모라면 반드시 새겨야 할 말이 있다.

"말은 입술에 30초 머물지만, 가슴에 30년을 머문다."

사소한 한마디일지라도 어떤 말은 아이에게 꿈과 희망, 용기를 주고 어떤 말은 슬픔과 분노를 안긴다. 무심코 던진 모진 말은 아이의 자존감을 떨어뜨리고 상처로 각인된다. 이 상처는 세월이 지나도 좀처럼 아물지 않는다.

부모의 말이 자녀에게 주는 영향력은 어마어마하다. 언어로 소통하며 관계를 맺어가는 인간에게 말의 힘은 막강한 것이다. 특히 아이에게 부모의 말은 더욱 그러하다. 아이가 태어나 독립심을 갖게 될 때까지 가장 많은 시간을 보내고 소통하는 사람이 부모이기 때문이다. 그럼에도 많은 부모가 자신이 자라며 들어온 상처 주는 말을 아이에게 그대로 반복하는 실수를 한다. 부모의 말은 아이의 성격뿐 아니라 공부하는 방식과 학습 의지 등 아이의 인생을 좌우할 모든 것에 영향을 미친다. 긍정적으로든 부정적으로든 말이다.

부모의 말습관이 아이에게 공부할 마음을 심어줄지, 빼앗아갈지 궁금한가? 그렇다면 아이와 함께 있는 동안의 대화를 녹음해 보자. 식사 시간, 공부 시간, 등원(교) 준비 시간, TV 시청 시간, 잠들기 전 등 특정 상황을 정해 일주일 정도 녹음하고 매일 저녁 그날 가장 자주 한 말을 정리한다. 이때는 내가 어떤 의도와 감정으로 그 말을 했는지 살펴본다. 처음 3일은 말습관을 의식하지 않고 어떤 말을 얼마나 많이 사용하는지 파악하는 시간이다. 4일째부터는 본격적인 개선에 돌입한다. 잘못된 말습관을 다듬고 아이에게 해주고 싶은 말을 의식적으로 해보는 것이다.

말이나 행동이 습관으로 자리 잡기 위해서는 21일이 필요하다고 한다. 아이를 대하는 잘못된 말습관을 바꾸고 싶다면 최소 3주간 의식적으로 반복하며 노력하자. 아이는 부모의 말로 성장한다. 그 성장 속에 '공부'와 '성적'도 포함된다. 아이의 성적을 올리고 싶다면 부모의 말 품격부터 올려야 한다. 가장 먼저 할 일은 부모의 말습관 점검이다.

응급의학과 전문의 남궁인은 "말은 인공호흡이다"라고 말했다. 말로 사람을 살릴 수도 있기 때문이다. 아이가 공부를 잘하길 바란다면 부모는 끊임없이 말로 인공호흡을 해주어야 한다. 아이의 공부 태도는 부모의 말습관에 달렸다.

아이가 주인공이
되는 시간

수능 만점을 받은 아이, 세계적 대회에 나가 상을 받은 아이, 평소 공부를 열심히 하기로 소문난 아이 등의 인터뷰를 본 적이 있을 것이다. 이들에겐 공통점이 있다. 평소 부모에게서 "공부해라"라는 말을 듣지 않는다는 것이다. 그러나 부모의 말 한마디 없이 저절로 공부를 잘하는 아이는 거의 없다. 이 아이들의 말에는 잔소리라고 느낄 만한 말을 듣지 않았다는 진짜 뜻이 숨어 있다. 같은 마음으로 한 말과 행동이라고 해도 어떻게 표현하고, 누구의 입장에서 생각하느냐에 따라 아이는 '공부 좀 하라는 지겨운 잔소리'와 '아, 나도 열심히 공부해야겠다'라는 공부할 마음을 갖는 전혀 다른 의미로 받아들인다.

핵심은 부모가 하고 싶은 말이 아니라, 아이가 듣고 싶은 말을 하는 것이다. 부모와 아이의 대화에서 주인공은 아이여야 한다.

모든 문제는 공감의 실패에서 온다

오늘따라 아이가 유난히 공부할 시간을 미루며 뭉그적거린다. 가능한 아이에게 잔소리하지 않겠다고 다짐했지만 오늘은 한마디 해야 할 것 같다. 평소의 우리는 아이에게 어떻게 말할까?

부모 A **"또 공부 안 하고 엄마 아빠 걱정시킨다. 공부 너 좋으라고 하는 거야. 그런데 오늘 왜 그래?"**

부모 B **"엄마(아빠)는 민환이가 공부를 안 하면 걱정돼. 오늘은 공부가 잘 안 돼? 좀 쉬다 할까?"**

어떤 말을 들은 아이에게 공부할 마음이 생길까? 부모 A는 아이가 공부 안 하는 것이 걱정되지만 그것 때문에 부모 자신이 스트레스받는다는 사실을 강조한다. 아이에게는 마치 자신에게 모든 문제가 있는 것처럼 들린다. 반면 부모 B의 말에는 아이가 공부하지 않는 것이 부모로서 안타깝고 걱정된다는, 아이를 위한 마음이 내포되어 있다. 그리고 문제가 있다면 기꺼이 그것을 해결해 주고자 하는 의지를 보여준다. 모두 아이를 위하는 마음에서 한 말이지만 아이의 입장에서는 확연히 다르게 들린다.

아이 A '내가 공부 안 하니까 (내가 걱정되는 게 아니라) 엄마가 스트레스받는다 이거지?'

아이 B '내가 공부 안 하는 것을 엄마가 걱정하시는구나.'

부모는 아이의 행동을 비판하지 말고 공감 먼저 해주어야 한다. 끊임없이 아이의 입장에서 생각해 보고 아이의 시각으로 이해하며 아이의 마음을 보듬어주는 모습이 필요하다. 그래야 아이가 마음을 터놓고 이야기할 수 있는 환경이 만들어진다. 아이가 왜 그런 행동을 하는지 부모에게 말해 준다면 그다음에는 아이의 감정에 주목한다. 행동의 원인인 아이의 감정을 빨리 알아차리고 읽어주면 감정이 누그러지는 동시에 부모와의 공감이 형성된다.

만일 아이 B가 "예담이는 오늘 엄마 아빠랑 놀이동산에 간다고 했는데 나는 집에서 계속 공부만 해서 슬펐어. 그래서 공부하기 싫어"라고 대답했다고 하자. 이때는 "우리 민환이가 엄마 아빠랑 놀고 싶었구나. 엄마도 민환이랑 노는 게 세상에서 제일 좋아. 그럼 우리도 내일 놀러 갈까? 아빠랑 다 같이 민환이가 하고 싶은 거 계획 해보자. 그다음에 공부할까? 아니면 오늘 공부하고 내일 실컷 놀까?"라고 말하며 아이의 감정을 읽고 해소해 주며 문제 해결 방법을 스스로 선택하게 한다. 아이가 어떻게 받아들일지 생각하며 말하는 것만으로도 공부에 대한 아이의 동기부여와 의욕을 키우고 메시지도 잘 전달할 수 있다.

정신분석학자 하인즈 코헛Heinz Kohut은 모든 발달상의 문제는 부모가 아이의 입장에서 생각하지 못하는 것, 즉 공감의 실패에서 온다고 말했다. 아이가 마음의 상처를 지닌 채 공부에 부정적인 감정을 갖고 자라지 않도록 부모의 세심하고 적절한 관심이 필요하다.

아이의 입장에서 말하면
잔소리도 듣기 좋은 말이 된다

〈유 퀴즈 온 더 블록〉이라는 TV 프로그램이 있다. 방송인 유재석과 조세호가 다양한 사람들을 만나 이야기를 나누는 사람 여행이다. 프로그램 초창기에는 길거리를 다니며 만난 시민들과 담소를 주고받는 형식이었다. 당시 두 진행자가 한 초등학생에게 던진 질문과 이를 들은 아이의 대답이 아직도 잊히지 않는다.

유재석은 아이에게 이렇게 물었다.

"조언이 있고 잔소리가 있잖아요, 조언과 잔소리의 차이는 무엇일까요?"

아이는 조금의 망설임도 없이 대답했다.

"잔소리는 왠지 모르게 기분 나쁜데 충고는 더 기분 나빠요."

잔소리와 조언의 차이를 묻는 질문에 엉뚱한 대답을 했지만, 많은 사람이 공감 가는 명언이라며 즐거워했다.

그렇다. 아이들은 필요 이상의 말을 늘어놓는 잔소리뿐 아니라 좋은 의미의 조언과 충고도 싫어한다. 아이의 미래를 생각해서 하루에도 몇 번씩 나오는 공부하라는 말은 그저 아이에게는 듣기 싫고, 들으면 기분 나쁜 잔소리와 충고일 뿐이다.

그렇다고 공부하라는 말을 안 할 수도 없다. 20년에 가까운 시간 동안 아이는 배우고 학습하는 시간을 끊임없이 되풀이하며 공부 실력을 키워야 한다. 그런데 이제 막 공부의 시간에 들어선 아이가 벌써부터 공부하라는 부모의 말을 지겹고 재미없는 말로 받아들인다면 앞으로 많이 남은 공부의 시간을 버텨내기 어렵다.

이럴 때는 공부를 시켜야 하는 부모의 입장이 아닌 공부를 해야 하는 아이의 입장에서 말해야 한다.

입장을 바꾼다는 것은 상대(아이)의 관점이 되는 것이다. 아이와 부모의 대화에서는 아이가 주인공이기 때문이다. 공부하기 싫어하는 아이에게 "오늘 너 왜 그래?"라고 묻는 것과 "딸(아들), 오늘은 공부가 잘 안돼?"라고 묻는 것은 완전히 다른 말이다. 아이의 입장에서 말하면 존중과 사랑이 담기지만 부모의 입장에서 말하면 호칭을 무시하고 지시와 명령의 말투가 나오기 마련이다.

아이의 공부 마음을 잡아주는 방법

앞서 조언과 잔소리의 차이를 이야기했던 초등학생은 2년 뒤 중학생이 되어 〈유 퀴즈 온 더 블록〉에 다시 출연했다. 그때 유재석은 '어른과 꼰대의 차이'를 물었다. 아이는 "어른이 되면 꼰대가 되는 게 아닐까요?"라고 대답했다. 뒤이어 '젊은 세대와 어른이 잘 소통하는 방법'을 묻는 질문에 또다시 명쾌한 답변을 내놓았다.

"그냥 세대 차이를 인정하는 게 빠르지 않을까요?"

간단하지만 명료한 이 대답은 부모와 아이 사이에도 꼭 필요한 생각이다. 아이가 나와 다르다는 것을 인정해야 비로소 소통이 가능하기 때문이다. 아이가 공부할 마음을 갖도록 만들어주기 위해서는 먼저 아이의 생각이 내 생각과 같지 않음을 깨달아야 한다. 그리고 두 가지 표현으로 공부에 대한 아이의 마음이 활짝 열리게 해야 한다.

첫 번째 표현은 '확실한 인정'이다.

아이가 공부하고 있거나 무언가 배우고 있다면 '학생이니 당연히 공부해야지'라며 지나치지 말자. 이때는 행복한 표정과 기쁨을 담은 말투로 "공부하고 있구나"라며 인정해 주자. 작은 격려일지라도 아이에게 공부하는 즐거움을 가져다준다. 한창 호기심이 많은 시기에 집중력을 발휘해 공부하는 것은 너무도 대견하고 고마운 일이다. 아이는 부모가 그것을 알아주길 바란다.

"참 열심히 하는구나!"

"집중하는 모습이 정말 멋지다!"

이런 응원과 격려의 말이 듣고 싶어서 공부하는 아이도 있다. 자신이 공부하는 모습을 보고 기쁜 목소리와 다정한 눈빛과 표정을 보내는 부모의 모습을 본 아이에게는 공부하라는 말의 진의가 제대로 전해진다. 백 번의 공부하라는 말보다 한 번의 인정이 훨씬 큰 효과를 가져온다.

반대로 공부는 아이의 당연한 일이라 여기며 인정해 주지 않으면 하던 공부도 싫어진다. 아이의 공부 의욕을 떨어뜨리는 역효과는 불러일으키지 말자.

두 번째 표현은 '확실한 휴식'이다.

공부 시간 다음에는 반드시 휴식이 필요하다. 이 시간을 즐기는 아이를 절대 비난해서는 안 된다.

"그거 조금 했다고 쉬는 거야?"

아이에게 이 말을 안 해본 부모는 거의 없을 것이다. 아이에게는 공부에 대한 적절한 보상이 필요하다. 그것이 원동력이 되어 다음 공부를 시작할 마음이 생기기 때문이다. 휴식은 가장 기본적인 보상이다. 쉬는 시간을 갖는 아이에게 뭐라고 말해야 할지 모르겠다면 말 대신 미소를 짓는 것도 방법이다. 아이는 "공부하느라 힘들었지?"라는 인정으로 받아들인다. 아이가 휴식 시간을 좀 더 편안한 마음으로 즐기기 바란다면 이 말을 건네자.

"간식 좀 줄까?"

아마 공부한 뒤 누릴 수 있는 달콤한 휴식과 간식이 좋아 공부 시간이 조금은 더 즐거워질 것이다.

아이가 귀 기울이게 하는 부모

아무리 부모가 아이의 입장에서 말해도 아이가 듣지 않으려 한다면 그저 소음에 불과하다. 누군가의 말에 귀 기울인다는 것은 집중한다는 것이기도 하다. 대체로 사람들은 자신이 관심 있는 주제에 관해 이야기할 때 대화에 집중한다. 아이가 부모의 말에 귀 기울이길 바란다면 아이가 부모와의 대화에서 존중받고 있음을 느끼도록 해주자.

이를 위해 먼저 아이의 양해를 구한다.

부모는 아이가 언제든 자신의 말을 들을 준비를 하고 있다고 생각한다. 대표적인 사례가 아이를 부르자마자 용건부터 말하는 태도다. 아이가 자기 일에 몰입하고 있다면 "가연아, 엄마(아빠)가 할 말이 있는데 해도 될까?"라며 양해를 구해야 한다. 이때 아이는 자신이 존중받는 존재라는 것을 깨닫고 적극적으로 부모의 말에 귀 기울일 준비를 할 것이다.

아이의 양해를 구했다면 아이를 바라보며 말한다.

아이에게 할 말이 있다고 해놓고 정작 다른 일에 신경 쓰며 이야기한다면, 아이도 다른 행동을 하면서 흘려듣는다. 이런 상황이 반복되면 마주 앉아 말해도 제대로 듣지 않는다. 아이의 얼굴을 보며 말하는 것은 부모의 몫이다. 다만 아이에게 강요해서는 안 된다. 아이를 앉혀놓고 "아빠(엄마) 눈 봐야지" 하며 부담 주는 말은 오히려 반감을 불러일으킨다. 대신 모든 신경을 아이에게 집중해 아이를 바라보며 말하자.

하고 싶은 말을 마쳤다면 같은 말을 반복하며 질리게 하지 않는다.

"알아들었지? 그러니까 엄마(아빠) 말은…"

"네가 다 알아들었겠지만…"

이런 말은 약효 떨어진 재탕에 불과하다. 좋은 말도 반복해서 들으면 질리기 마련이며, 중요한 말도 대수롭지 않게 느껴진다. 꼭 필요한 말일수록 아이의 눈을 바라보며 아이의 관점에서 한 번만 말하자. 부모의 말은 딱 한 번이 듣기 좋다.

즉각 반응, 공부 마음의 시작이다

아이를 대화의 주인공으로 만들어주기 위해 부모는 아이의 모든 말을 경청해야 한다. 경청의 시작은 즉각적이면서도 확실한 반응이다. 아이가 부모를 찾는 순간은 꼭 짜 맞추기라도 한 듯 부모가 바쁘거나 다른 일을 하고 있을 때가 많다. 이럴때 아이가 부모를 찾는다면 뭐라고 대답하는가.

"엄마!"

"왜?"

"엄마, 이리 와봐."

"왜에?"

"아, 글쎄 빨리 좀 와봐."

"엄마 바빠. 네가 와."

"아, 엄마아~"

"아, 왜에!"

부모라면 너무도 익숙한 대화 패턴일 것이다. 이는 즉각적일지는 몰라도 좋은 반응은 아니다.

"엄마!"

"(아이에게 가며)응, 시우야. 엄마 불렀어?"

아이가 부르면 하던 일을 멈추고 다가가자. 간혹 아이 말을 듣는 대신 먼저 예절을 가르치려는 부모가 있다.

"엄마 이리 와봐."

"네가 와야지. 원래 용건 있는 사람이 오는 거라고 엄마가 말했어? 안 했어?"

"아, 엄마. 이리 와 보래도….."

"네가 와. 그게 예의라고 했잖아."

예의를 가르치는 사이 이미 대화는 주제를 벗어나고 아이는 부모에게 하고 싶은 말을 속으로 삼키고 만다. 예의는 아이의 말을 다 들어주고 가르쳐도 늦지 않다.

아이가 부를 때 부모에게는 아이의 용건 해결이 0순위가 되어야 한다. 아이들은 특히 '지금', '이 자리'에서 해결할 일이 많다. 부모에게는 몇 분 남짓의 기다림이지만 아이에게는 이미 너무 늦다. 아이의 '지금 용건'을 알아야 그에 대한 적절한 도움을 줄 수 있기 때문이다. 아이의 말에 이런저런 핑계를 대며 시간을 끌면 어느 날 대화를 나눌 만한 여유가 생겨도 아이가 대화의 손길을 받아주지 않을 것이다.

아이가 부를 때, 아이가 원할 때 즉시 대화에 응해주는 것이야말로 아이와 부모 사이에 신뢰를 쌓을 수 있는 최적의 기회다. 신뢰가 높은 관계에서 주고받는 말은 효과도 높다. 잘 들어주고 잘 표현해 주면 아이의 공부할 마음을 자극하는 말도 효과적으로 전할 수 있다. 아이 말에 대한 즉각 반응은 아이와의 공부 대화에서 초석이자 공부할 마음의 시작이 된다.

아이가 주인공이 되는 대화 기술

아이는 자신의 말에 집중하는 부모를 좋아한다. 자신의 이야기를 잘 들어주는 부모의 모습을 보며 말하기뿐 아니라 상대의 말을 경청하는 습관이 자연스레 생긴다. 결국 아이의 말을 가치 있게 여겨주는 부모의 태도는 아이의 귀와 입을 열어준다. 부모와 아이의 대화에서 부모는 어디까지나 아이가 끝까지 말하도록 잘 들어주고, 장단을 맞춰주는 역할을 해야 한다. 아이의 말을 끊거나 아이보다 더 많은 말을 하며 부모가 주인공이 되어서는 안 된다. 즉각적이고 확실한 반응과 경청, 그리고 대화의 모든 순간 아이에게 집중하는 노력이 필요하다.

지금부터 아이가 주인공인 바람직한 대화를 위한 부모의 역할을 알아보자.

몸으로 듣는 시간 ————
아이와 마주 보고 앉기

아이와 마주 앉거나 45도 각도로 앉는다. 아이에게 자리를 권할 때는 손으로(손가락이 아닌) 의자를 가리키거나 아이가 앉도록 도와준다. "엄마(아빠)한테 할 말이 있어? 앉을까?" 하며 부모도 의자 깊숙이 편안하게 앉는 게 좋다. 아이의 말을 들을 준비가 되었으며, 너를 존중한다는 메시지를 전하는 방법이다. 의자 끝에 걸터앉으면 '바쁘니 빨리 끝내라'라는 의도로 보일 수 있다.

마음으로 듣는 시간 ————
집중하기

소통은 마음을 듣는 일이며, 집중해야 가능하다. 아이에게 집중하고 있음을 보여주자. 팔짱을 끼거나 몸을 뒤로 젖히지 말고 아이에게 약간 몸을 기울여 '들을 준비가 되어 있으니 말해도 돼'라는 마음이 전해지도록 몸짓을 보여준다. 이때 부모가 아이에게 전하는 메시지는 다음과 같아야 한다.

'지금, 세상엔 너와 나뿐이란다. 그러니 얘야, 마음껏 말하렴.'

마음을 보여주는 시간 ————
말로 반응하기

아이의 이야기를 들으며 고개를 끄덕이거나 "아, 그래?", "음, 그랬어?", "어머, 그랬구나"라고 추임새를 넣는다. 어느 부분에서 긴 추임새를 넣을지, 짧은 추임새를 넣을지를 정확하게 파악하고 적절한 피드백을 지속적으로 보내야 한다.

"저런, 그렇게 속상한 일이 있었구나. 그래서 너는 어떻게 했어?" 하며 아이의 감정을 좀 더 표현할 수 있는 부분과 "그랬구나" 하며 빠르게 공감해 줄 부분을 파악해 반응한다. 과장 없이, 하지만 아끼지 말고 마음을 보여줘라. 이런 피드백이 아이에게 보낸 메시지는 이와 같다.

'엄마(아빠)가 내 마음을 알아주는구나!'

관심 드러내는 시간 ────
질문하기

궁금한 것이 생기면 아이에게 질문도 한다. 다만 아이가 말하는 중간에 "잠깐, 그게 무슨 말이야"라고 끊지 않고 말이 끝난 후에 질문하는 게 좋다. 질문한다는 건 아이의 말을 잘 들었고 그에 따른 궁금증이 생긴 것으로 대화를 잘 이끌어나가는 좋은 방법이다. 아이와의 대화에서 질문은 궁금해서 묻기도 하지만 아이를 더 잘 이해하기 위한 확인 질문도 있다. 유념할 것은 질문할 때의 말투다. 끝을 꼬지 말고 부드럽게 올리는 게 좋다.

"그래서 그렇게 화가 났었던 거야?"

아이에게 의견 묻기

아이의 이야기를 듣고 해결해야 할 문제가 있을 때는 의견을 물어본다.

"혹시 이 문제를 해결할 방법이 있니?"

"아빠가 무엇을 도와주면 좋을까?"

대화하는 동안 아이가 해결 방법을 찾을 수도 있으니 먼저 아이에게 물어보고 부모가 적극적으로 지지하며 도와줄 것이라며 안심시킨다. 만약 부모에게 좋은 방법이 있더라도 일방적으로 해결 방법을 제시하지 말자. 자칫하면 명령과 지시로 전달된다. 앞의 과정을 잘 진행해 놓고 의견을 묻는 과정에서 답정너라는 부모의 민낯을 보이는 경우가 있다.

해결 방안 제시하기

만약 아이가 해결 방법을 말하지 못한다면, 부모가 생각하는 해결 방안을 제시한다. 이때 역시 부모의 생각을 말하며 아이의 의견을 확인해야 한다.

"이건 아빠 생각인데 이런 방법은 어떨까?"

"엄마는 이렇게 하는 게 어떨까 하고 생각해 봤어. 네 생각은 어때?"

문제를 해결할 방법을 아이가 결정하도록 하는 것이다. 자신의 의견을 말하는 아이는 이미 부모의 의견에 따를 준비가 되어 있다. 부모의 태도와 정성에 감동했기 때문이다. 감동이란 말의 뜻은 '크게 느끼어 마음이 움직이는 것'이다.

만일 아이가 묵묵부답일 때 "어떻게 할 건데?", "네 생각을 말해야 알지, 말해 봐"라며 대답을 강요해서는 안 된다. 그보다는 여지를 두는 말을 건네자.

"우리 좀 더 생각해 보고 나중에 다시 말할까?"

마무리의 시간 ─────
소감 말하기

아이와의 대화는 확실한 마무리가 필요하다. 대화가 끝났다면 끝인사를 나누자. 아이는 자신과의 대화를 격식 있는 것으로 생각하며 끝까지 존중받았다고 느낀다.

"아빠에게 의논해 줘서 고마워."

"네 의견 잘 들었어. 오늘 함께 이야기 나누니 참 좋다."

만일 다음에 이야기를 더 나누어야 한다면 "아빠도 생각해 볼

게. 우리 내일 다시 이야기해 보자"라며 아이의 말과 고민에 대해 가치를 부여해 주자.

대화는 꼭 문제 해결을 위해서만 하는 것이 아니다. 아이가 부모에게 자랑하고 싶은 일이나, 이유 없이 그냥 말하고 싶은 신변잡기일 수도 있다. 이때도 부모는 아이를 대화의 주인공으로 만들어줘야 한다. 어떤 대화든 앞의 방법을 응용해 보자. 아이가 부모에게 전수받은 대화의 기술은 수업 시간이나 일상에서 대화할 때도 큰 도움이 될 것이다.

3
시켜야 공부하는 아이
vs
스스로 공부하는 아이

얼마 전 온라인 커뮤니티에서 놀라운 글을 읽었다. 어느 카페 사장이 일손이 달려 아르바이트를 구하는 글을 올렸다. 한 대학생이 지원했고 다음 날 면접을 보러 왔다. 그런데 혼자가 아니었다. 엄마를 앞세우고 온 것이다. 당황스러웠지만 사장은 대학생에게 이런저런 질문을 했는데 그가 아닌 엄마가 대신 대답했다.

"우리 아이가 낯도 많이 가리고 소심해서 사람들을 대하는 일을 하면서 성격을 바꿨으면 좋겠어요."

결국 대학생은 한마디도 하지 않았고 카페 사장은 그의 엄마와 면접을 마쳤다. 이 대학생은 앞으로 어떤 삶을 살게 될까?

실제로 부모 없이는 아무것도 하지 못하는 어른들이 많다. 아이를 가르치는 교수에게 전화해 학점을 높여달라는 부모, 아들이 입대하거나 자대 배치를 받은 군부대 주변에서 숙박하며 지휘관을 찾아가 자신의 아이를 챙겨달라고 보채는 부모, 자녀가 취업한 회사의 인사팀에 연락해 자녀가 원하는 부서로 발령을 내려달라는 억지를 부리는 부모가 우리 주변에 있다. 부모가 없으면 아무것도 할 수 없는 반쪽짜리 어른으로 자란 것이다.

부모의 양육방식에 따라 아이는 스스로 공부하기는커녕 어른이지만 여전히 '어른아이'에 머물수 있다.

아이는 분재가 아니다

아이를 향한 부모의 관심은 끝이 없다. 기어 다닐 때는 '위험한데 부딪히지 않을까', 걷기 시작할 때는 '넘어지지 않을까', 어린이집이나 유치원에 보내면서 '잘 적응할 수 있을까', '친구들과 잘 어울릴까' 하며 눈을 떼지 못한다. 아이가 학교에 들어가 초·중·고시절을 거쳐 대학생이 될 때까지 걱정과 관심은 끊이지 않는다. 부모의 눈에 자식은 아무리 나이가 들어도 물가에 내놓은 아이와 같고, 자식이 내리는 결정은 못 미덥다라는 말이 그냥 생겨난 게 아니다. 그만큼 아이에 대한 부모의 관심은 멈춤이 없다.

아기는 스스로 할 수 있는 일이 거의 없다. 이 시기에는 부모의 관심과 사랑이 생존에 절대적 조건이다. 아이의 성장과 발달 과정에 부모의 보살핌이 함께하면 건강히 제 몫을 해내며 독립적으로 살아갈 수 있는 한 사람으로 성장한다. 그런데 아이가 자립심을 키워야 할 시기임에도 스스로 선택하도록 믿고 기다려주거나 응원하기보다 모든 것을 대신해 주려는 부모가 있다.

내 아이가 혹여 실수하지 않을까, 상처받지 않을까 걱정되는 마음에 아이의 주변을 맴돌며 하나부터 열까지 간섭하고 참견하는 부모를 '헬리콥터 부모'라고 한다. 이 용어는 1990년 아동 발달 연구자 포스터 클라인Foster Cline과 짐 페이Jim Fay가 처음 소개했다. 자녀의 곁에서 일거수일투족을 관찰하며 헬리콥터처럼 요란하게 과잉보호하고 통제하는 부모를 뜻한다.

아직 세상이 낯선 아이에게는 부모의 관심과 개입이 반드시 필요하다. 다만 떠나보내야 할 때가 와도 관심의 엔진을 멈추지 못하는 부모가 문제다. 무엇이든 대신해 주고, 일일이 참견하며 지시와 통제로 키우는 것이 사랑이라고 믿기 때문이다. 아이가 필요로 하는 시기의 관심은 도움이 되지만 그렇지 않을 때는 간섭일 뿐이다. 부모의 지나친 간섭을 받으며 자란 아이는 자기 삶을 살지 못한다. 부모의 기대를 저버리는 것이 두려워 성공에만 집착해 작은 실패도 견디지 못하고 좌절하기 때문이다. 자기 생각이 없고 부모에게 의존하는 성격 탓에 대인관계에도 문제가 생긴다.

스탠퍼드 대학교 학장이었던 줄리 리콧 헤임즈Julie Lythcott-Haims는 자녀의 사소한 부분까지 간섭하는 것은 결코 아이에게 도움이 되지 않는다고 주장하며 이렇게 말했다.

"내 아이들을 여린 분재처럼 여긴 적이 있었다. 그런데 키우면서 아이들이 분재가 아니라는 사실을 알았다. 그들은 야생화이고, 그중에서도 잘 알려지지 않은 종이었다."

식물은 자신이 처한 환경에 맞춰 자라는 성향이 있는데, 분재는 이런 점을 극단적으로 활용하는 방식이다. 특정한 모습을 유지하기 위해 가지치기를 서슴지 않고 뿌리를 잘라내거나 접붙이기를 하며 생장을 억제한다. 시간이 지날수록 분재는 원래의 모습을 잃고 화분에 담긴 난쟁이 나무의 모습이 된다.

헬리콥터 부모는 아이를 자신이 원하는 모습으로 만들기 위해 아이의 개성과 독립심, 자신감, 의사결정력, 자립심 등을 과감하게 잘라낸다. 그 결과 부모에게는 만족스러울지 몰라도 아이 혼자서는 아무것도 할 수 없는 작기만 한 존재가 된다. 집 안에서 고이 기른 분재가 야생 환경에서는 잘 자라지 못하는 것처럼 말이다. 아이는 헬리콥터의 프로펠러 소음 같은 부모의 간섭과 잔소리를 싫어하지만 그것이 없으면 아무것도 할 수 없도록 길들여지고 만다. 이런 아이는 공부도 시키지 않으면 스스로 할 생각을 하지 않는다. 점점 무능한 아이가 되는 것이다.

부모는 아이를 분재가 아닌 어떤 환경에서도 스스로 생존할 수 있는 자생력이 강한 사람으로 키워야 한다. 아이가 튼튼한 뿌리와 줄기, 잎을 가질 수 있도록 좋은 환경을 제공하고, 충분한 사랑을 준다면 독립적이고 생존력 강한 아이로 자란다. 이런 아이가 스스로 공부할 수 있다. 일거수일투족을 간섭하는 사랑과 적절한 관심은 분명히 다르다.

헬리콥터 부모가 필요한 시기가 있다

자녀가 학생이 되면 부모는 아이의 학습 과정을 자신의 통제하에 두면서 헬리콥터 부모가 된다. 하루에도 몇 번씩 공부하는 것을 감시하고, 틀린 문제를 다그치며, 학습 진도율을 대신 체크한다. 심지어는 아이의 성적에 도움이 될 법한 친구만 사귀라고 하는 부모도 있다. 아이가 공부에만 집중할 수 있는 최고의 환경을 만들어주고 싶다는 마음에서 비롯한 것이지만 아이가 사춘기를 거치며 자신만의 가치관을 형성하게 되면 문제가 생긴다.

더이상 부모와 '자신'의 가치를 동일시하지 않는 오롯한 인격이 형성되면 부모로부터 독립을 시작하려 한다. 비합리적인 부모의 간섭을 용납하지 않는 데서 비롯한 갈등은 공부 문제를 두고 폭발한다. 아이의 공부를 여전히 통제하려는 부모와 자신만의 방식으로 공부하길 원하는 아이의 대립이 이어진다. 헬리콥터 부모 아래서 자란 아이는 자존감이 낮은 편인데 부모의 간섭과 통제에 반발심이 생기면 공부 자체를 아예 포기해 버릴 수도 있다.

그렇다면 부모는 무조건 아이의 선택을 지켜보기만 하고 존중해야 할까? 우리나라의 교육 환경에서는 부모의 역할이 아이의 성적에 막강한 영향력을 주고 있는데 말이다. 성적을 중시하는 사회에서 아이의 성적표는 곧 부모 성적표와 같다. 아이의 성적에 부모도 압박감을 느끼기는 마찬가지다. 헬리콥터 부모가 될 수밖에 없는 이유이기도 하다. 하지만 헬리콥터 부모가 무조건 나쁘기만 한 걸까?

헬리콥터 부모라는 이미지가 부정적으로 쓰이는 것은 적절한 시기에 물러나지 못해서다. 아이가 애착을 형성하고 기본 생활습관을 기르는 발달 단계에서는 오히려 헬리콥터 부모가 되어야 한다. 아이가 부모를 수시로 찾는 시기가 바로 그때다. 이 시기에는 아이를 관심 있게 관찰하며 적절한 참견과 관심을 보여주어야 한다. 아이가 부르면 바로 화답하며 상호작용하는 것이다. 그 과정에서 아이는 낯선 환경이나 자극에 적응할 수 있고 새로운 호기심을 키울 수도 있다. 만일 아이가 보이지 않고, 불러도 대답 없는 부모를 찾느라 주위를 두리번거리다 보면 어느새 지적 호기심은 사라지고 탐색으로 연결되지도 못한다.

이토록 공부가 재미있는 공부의 맛

아이의 학습에도 헬리콥터 부모가 필요한 시기가 있다. 아이의 학습 수준에 따라 정도는 다르지만 일반적으로 초등 저학년 정도까지다. 아이 스스로 공부하는 힘, 즉 공부력이 생길 때까지는 부모의 적정 자극이 필요하다. 주의할 점은 아이의 공부만큼은 부모가 대신해 주어서는 안 된다는 것이다.

유대인의 격언에 "물고기 한 마리를 잡아주면 하루를 살 수 있지만 물고기를 잡는 방법을 알려주면 평생을 살 수 있다"라는 말이 있다. 물고기 잡는 방법을 주도적 학습에 비유한다면, 현명한 부모는 먼저 아이에게 물고기의 맛을 보여준다. 물고기가 맛있다는 것을 알아야 물고기 잡는 방법을 가르쳐줄 때 관심을 보이기 때문이다. 물고기 맛을 모르는 아이는 물고기를 잡는 수고를 하지 않으려 한다. 물고기를 맛보는 것은 공부에 있어 성취감을 느끼는 것과 같다. 공부가 재미있다는 공부의 맛을 깨닫게 하는 것이 이 시기 헬리콥터 부모의 역할이다.

아이가 숙제하거나 학습지를 풀 때 가까이에서 관심을 갖고 "엄마(아빠)는 언제든 네가 부르면 도와줄 거야"라고 말하며 공부에 대한 두려움을 줄여주자. 이때 아이를 혼자 두거나 끝날 때까지 무작정 기다리지 않는다. 곁에서 언제든 아이가 부모를 필요로 하면 적시에 도와주며 문제를 해결하도록 해준다. 아이로 하여금 '공부 쉽네!', '해냈다!', '생각보다 재미있는걸' 하는 생각이 들도록 "이거 다 우리 미나가 푼 거야? 대단한데"와 같은 칭찬과 격려도 아끼지 않는다. 성취감이라는 공부의 맛을 보게 하는 것이다. 성취감이 커지면 공부할 마음도 커진다.

이 시기 자기주도 학습은 아이 혼자 하도록 두는 것이 아니다. 스스로 할 줄 모르는 아이에게 혼자 해보라며 기다려주기만 하면 결국 아이에게 돌아오는 건 부모의 실망과 꾸중이다. 이런 방식으로 공부의 맛이 쓰다는 것을 경험한 아이는 공부를 싫어하게 된다. 그러니 초등학교 저학년까지는 헬리콥터 부모처럼 아이의 곁에 있어 주자. 그리고 아이가 원할 때는 도움을 주고 아이가 문제를 해결하면 칭찬과 격려를 보내면서 아이 스스로 '어, 내가 해냈네!', '공부는 어려운 게 아니라 재미있는 거구나!'라는 공부의 달콤한 맛을 경험할 수 있게 해주자.

멀리 내다보는 부모, 스스로 공부하는 아이

아이가 물고기 맛(공부의 맛)을 알았다면 이제는 물고기 잡는 방법을 가르쳐줄 차례다. 이 시기에는 인공위성 부모가 되어야 한다. 도심의 밤하늘에는 유독 반짝이는 별이 있다. 사실 그것은 별이 아니라 하늘 높이 떠 있는 인공위성이다. 너무 멀리 떨어져 있어 밝을 때는 잘 보이지 않는다. 하지만 인공위성은 일정한 궤도로 지구 주변을 돌며 높은 곳에서 언제나 제 역할을 하고 있다.

이처럼 아이에게 관심과 사랑을 보내지만 주도적인 삶을 살아갈 수 있도록 지켜보며 기다려주는 것이 인공위성 부모다. 이는 기다림으로 아이를 믿고 바라보며 조용한 관심을 두는 것이지 무관심은 아니다. 간섭이 아닌 존중으로 아이의 선택과 결정을 응원하고 아이가 스스로 공부할 수 있도록 적시에 돕는 역할을 한다. 아이가 주도적으로 공부할 수 있는 환경이 되었을 때는 객관적으로 거리를 두고 장기적인 안목으로 아이에게 도움을 준다.

다만 이 방법은 아이의 기질에 따라 적용해야 하므로 무엇보다 아이의 욕구에 민감해야 한다. 혼자 하는 것이 어려운 아이는 부모가 기다릴수록 집중력이 떨어진다. 반면 시간이 걸리더라도 혼자서 해결하는 것을 선호하는 아이도 있다. 관찰을 통해 내 아이가 원하는 공부 방식을 찾는 것이 좋다. 성인에 비해 경험치가 부족한 아이는 자신이 무엇을 원하는지 모를 수 있다. 이때는 부모가 옆에서 함께 있어 주는 게 좋은지, 조금 어렵더라도 혼자서 공부하는 것이 좋은지 구체적으로 물어보자. 그날의 공부를 마치는 데 시간이 얼마나 필요한지도 물어보면 좋다.

"어떻게(방법) 하면 좋을까?"
"얼마큼(양) 하고 싶어?"
"언제까지(시간) 할 수 있을 것 같아?"
"어디서(장소) 하면 좋을까?"

이 질문에는 부모가 진심으로 아이를 존중한다는 마음이 담

거야 한다. 아이의 학습 능률이 오를 수 있는 환경을 함께 고민하고, 부모가 그것을 제공해 주면 아이는 자신을 응원하는 마음을 느낀다. 이는 긍정적인 공부 정서로 이어져 공부할 마음이라는 자발적인 동기부여가 된다.

공부는 때가 되면 알아서 성장하는 신체 발달과는 다르게 접근해야 한다. 물고기를 맛보고, 물고기를 잡고 싶게 하고, 물고기 잡는 방법을 알려주고, 어느 곳에 가면 잘 잡을 수 있는지를 알려줘 스스로 물고기를 잡게 하는 것까지가 부모의 역할이다. 그 과정에서 공부하는 방법, 공부의 쓰임새, 공부의 가치를 알려주었다면 더는 자녀 머리 위에서 시끄럽게 빙빙 도는 헬리콥터 같은 부모가 되지 않아도 된다. 이렇게 스스로 공부하는 아이로 키우면 아이를 격려하고 나아가게 하는 인공위성 부모가 될 수 있다.

안목 높은 인공위성 부모는 현명한 헬리콥터 부모에서 출발한다. 아이보다 더 멀리 더 잘 보며 상담자가 되어 아이가 원할 때, 필요로 할 때 GPS 역할도 해줄 수 있다. 스스로 공부하는 아이, 멀리 내다보는 안목 높은 부모의 이중주가 아이에게 더 높은 성취욕구와 공부 마음을 불어넣을 것이다.

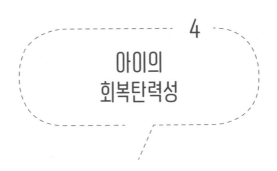

4

아이의
회복탄력성

어느 교실에서 벌어진 일이다.

"이지호! 너 어제 입은 옷 또 입었지? 옷이 그거밖에 없대요~."

"아, 이 옷?"

지호는 친구의 말투가 놀리는 것 같은 기분이 들었지만 웃으며 말하는 친구에게 자신도 웃으며 말해야겠다고 생각했다.

"어제 입은 거랑 비슷해 보여? 이거 다른 옷인데. 음, 어떤 부분이 다른지 맞혀봐~."

지호의 대답에 주변에 있던 다른 친구들도 관심을 보였다.

"정말?"

"내가 맞혀볼래!"

"나, 정답!"

아이들이 서로 답을 맞추겠다며 와자지껄한 가운데 지호의 옆줄에 앉은 태욱이에게도 무슨 일이 생긴 듯하다.

"태욱아, 이 필통 어디서 났어?"

"야, 최혜진. 내 필통이 뭐! 불만 있어?"

"아니, 그냥 필통이 특이해서…."

"이게 뭐가 특이해. 넌 특이하다는 게 뭔지도 모르냐?"

"보라색 필통은 처음 봐서 물어본 거야. 근데 너는 왜 갑자기 화를 내냐?"

"내가 언제 화를 내!"

두 아이가 상황을 받아들이는 방법에는 차이가 보인다. 지호는 자칫 기분 나쁜 말로 들릴 수도 있는 친구의 말도 '관심'으로 받아들였다. 덕분에 당황하지 않고 차분한 감정으로 대화를 이끌어갔다. 지호의 부드러운 대처에 놀리려던 친구도 오히려 관심을 보이며 유쾌한 시간을 보냈다. 반면 태욱이는 관심처럼 보이는 혜진이의 말에 발끈하며 목소리를 높였다. 순수한 관심에 돌아오는 것이라곤 태욱이의 신경질뿐이니 혜진이는 앞으로 태욱이와 이야기하지 말아야겠다고 생각하며 돌아선다.

감정을 다스리는 아이

지호가 잘한 것과 태욱이가 못한 것은 '감정의 다스림'이다.

아이의 감정 신호등이 늘 초록색이라면 좋겠지만 다양한 관계를 맺는 과정에서 아이는 감정이 동요되는 상황을 맞이한다. 이때 태욱이처럼 감정을 다스리지 못해 힘들어하는 아이들이 있다. 감정은 공부에 영향을 준다. 마음의 상태가 변화할 때 우리의 신체와 행동, 표현도 함께 변하기 때문이다. 특히 감정 기복이 심한 아이는 공부에도 부정적 영향을 받는다.

친구와 다투거나 부모와 싸워 화가 난 아이, 슬픈 영화를 보고 우울함을 느낀 아이는 공부에 집중하기 어렵다. 스트레스, 불안, 우울, 분노, 짜증, 강박, 예민과 같은 불쾌한 감정이 생기면 학습과 기억 능력을 담당하는 해마가 자극을 받아 제 기능을 발휘하지 못한다. 부정적 감정 상태에서는 아무리 열심히 공부해도 학습하고 기억하는 능력이 떨어질 수밖에 없다. 감정에 휘둘려 일상이 무너진 아이의 학습 능력과 감정을 다스림으로써 불안을 극복한 아이의 학습 능력에는 큰 차이가 생긴다.

감정을 잘 다스리는 것은 자기조절력과 연결된다. 미국의 인지심리학자 앨버트 반두라Albert Bandura는 자기조절력을 '자신이 세운 목표에 다다르기 위해 스스로 신체와 감정을 조절하고 통제하는 능력'이라고 말했다. 인내심과 자제력의 근간이 바로 자기조절력이다. 지호처럼 자기조절력이 높은 아이가 있는가 하면 태욱이처럼 그렇지 못한 아이도 있다. 자기조절력은 저마다 다른데 3세까지 토대가 만들어져 6세까지 발달하는 것으로 알려졌다.

듀크 대학의 테리 모피트Terrie Moffit와 애브샬롬 카스피 Avshalom Caspi는 1천여 명의 아동을 대상으로 한 실험에서 3세에 측정한 자기조절력이 30년 뒤에도 영향을 미친다는 사실을 밝혀냈다. 어린 시절 자기조절력이 높았던 아이는 자라며 학습 능력이 좋았으며, 성인이 된 뒤에는 경제적으로 여유가 있고 더 건강했다. '하고 싶지만 하면 안 되는 일을 참는 능력', '하고 싶지 않지만 해야 할 일을 해내는 능력'이 곧 자기조절력이다.

자기조절력은 타고나는 것도 있지만 부모의 양육과 교육방식에 따라 얼마든지 발달할 수 있다. 그러나 아이가 원하는 대로 들어주는 것이 아이의 인격과 인권을 존중하는 길이라 생각하거나, 아이와의 애착에 문제가 생길까 걱정돼 자율성을 무한대로 허용하는 부모의 양육방식은 아이가 '통제'와 '절제'를 배울 기회를 잃게 해 자기조절력을 기를 수 없게 만든다.

절제 잘하는 아이가 공부도 잘한다

그렇다면 어떻게 아이를 키워야 자기조절력을 기를 수 있을까? 아이가 스스로 자신의 감정이나 행동을 목표에 맞춰 제어하고 통제할 줄 알아야 하므로 유아기부터 일상생활에서 습관처럼 기를 수 있도록 훈련해야 한다.

먼저 어릴 때부터 스스로 목표를 세우고 실천하는 경험이 필요하다. 밥을 얼마나 먹을지, 친구와 몇 시까지 놀 것인지, 책을 몇 권 읽을 것인지 등 아이가 오늘 해야 할 활동 또는 하고 싶은 일을 물어보고 직접 목표를 설정하게 한다. 아이가 계획을 세울 때 부모는 옆에서 진지하게 들어주며 반응하면 된다. 이때 아이가 과도한 계획을 세워도 그것을 제지하기보다 지킬 수 있는지 확인하는 정도가 좋다. 이는 아이의 인격을 존중하는 것이며 그 과정에서 아이는 끈기와 인내, 그리고 약속의 중요함을 깨닫는다.

목표를 세웠다면 아이가 어떻게 달성할 것인지도 스스로 고민하도록 하자. 가령 일주일에 책을 세 권 읽겠다는 목표를 세웠다면 "하루에 얼마큼씩 읽어야 할까?", "매일 몇 분씩 독서 시간을 가질 생각이니?"와 같은 질문을 던져 아이가 생각할 기회를 주는 것이다. 처음 계획을 세우는 아이는 대체로 모호하고 추상적인 목표를 정할 가능성이 높다. 이럴 경우 실천이 어려울 수 있으므로 부모가 약간의 도움을 주어 구체적 목표와 실천 방법을 유도하는 것이 좋다.

이제 남은 것은 부모의 점검이다. 아이가 목표를 달성했는지, 약속을 지켰는지 확인하는 것이다. 처음부터 계획을 모두 실천하는 아이는 드물다. 목표를 달성하려는 아이는 그라운드에서 골을 넣기 위해 열심히 뛰는 선수와 같다. 이때 부모는 감독이 아닌 응원단의 역할을 해야 한다. "어때, 잘되고 있어?", "와, 벌써 여기까지 했구나. 대단해!", "조금만 더 하면 끝나겠다." 이런 말로 아이의 성취욕을 자극하는 것이다. 부모의 감시와 통제가 있어야만 감정과 행동을 조절하는 아이는 자기조절력이 낮을 수밖에 없다.

약속한 시간이 되면 아이가 목표를 달성했는지 확인하자. 아이가 약속을 지켰다면 그에 응하는 보상을 하는 것도 좋다. 칭찬과 격려 등의 정신적 보상과 적절한 수준에서 아이가 원하는 것을 주는 물질적 보상은 도움이 된다. 아이는 스스로 해낸다는 것의 즐거움을 느낄 것이다. 절제를 통한 성취 경험이 생기는 것이다. 목표를 달성하지 못했다면 성공과 실패 여부에 상관없이 과정을 칭찬해 준다. 결과보다는 이를 달성하기 위해 아이가 한 노력을 인정하는 것이다. 아주 작고 일상적인 일이어도 좋다. 그 과정

덕분에 아이가 이뤄낸 것을 알려준다면 비록 실패했으나 다시 도전할 용기를 얻을 것이다. 또한 아이와 함께 실패 원인을 분석하고 찾으며 이를 바탕으로 다음 목표를 세우는 것도 좋다.

무엇이든 스스로 선택하는 것은 행동의 동기를 높인다. 아이가 직접 목표를 세우고 그것을 달성하는 과정을 반복하도록 관심 가져야 한다. 자신이 세운 목적을 위해 참고 견뎠을 때 보상을 얻는 경험을 해본 아이는 유사한 상황을 만났을 때 더욱 유연하게 헤쳐나갈 수 있다. 이처럼 아이가 절제를 통해 작은 성취의 경험을 이어간다면 이는 곧 습관이 되어 아이의 자기조절력도 발달할 것이다.

자기조절력이 아이에게 미치는 영향력을 알 수 있는 가장 유명한 일화는 '마시멜로 실험'이다. 1960~70년대 스탠퍼드 대학의 심리학자 월터 미셸Walter Mischel은 4~6세의 아이들을 대상으로 자기조절 실험을 했다. 그는 아이에게 마시멜로가 하나 놓인 접시를 보여주며 이렇게 말했다.

"내가 잠깐(15분) 나갔다 와야 하는데 그때까지 이 마시멜로를 먹지 않고 기다려주겠니? 대신 나중에 내가 돌아오면 마시멜로를 두 개 줄게. 하지만 하나를 먹으면 그걸로 끝이란다. 두 개를 먹고 싶다면 내가 올 때까지 기다리렴."

참지 못하고 마시멜로를 먹은 아이도 있었지만 일부는 끝까지 기다려 약속대로 두 개의 마시멜로를 받았다. 훗날 실험에 참가한 아이들을 추적 조사해 보니 참지 못한 아이보다 끝까지 참은 아이들이 SAT(미국의 대학입학 자격시험) 점수와 학업 성취도가 월등히 높았다. 자기조절력과 학업 성적의 연관성이 확인된 것이다.

다시 공부할 마음, 회복탄력성

자기조절력은 회복탄력성의 핵심 요소이기도 하다. 회복탄력성은 심리학 용어로 역경이나 고난, 좌절의 상황을 이겨내고 다시 일어설 뿐 아니라 심지어 더욱 풍부해지는 마음의 근력을 말한다. 누르면 푹 꺼지는 탄력 잃은 용수철이 아니라 더 높이 오르는 탄력 좋은 용수철처럼 마음의 근육을 가진 아이로 키워주자.

회복탄력성을 가진 대표적 유명인은 물리학자 스티븐 호킹 Stephen Hawking이다. 21세에 루게릭병이 발병한 그는 시한부 선고를 받았다. 마음대로 목을 가눌 수도 없고 팔다리는 이미 자신의 것이 아닌 듯 제대로 움직일 수 없었다. 그러나 호킹은 자신의 상황을 객관적으로 판단하고 긍정적으로 행동했다.

"병원에서 퇴원한 직후, 처형을 앞둔 죄수가 된 꿈을 꾸었다. 불현듯이 사형 집행이 연기된다면 내가 할 수 있는 가치 있는 일이 많다는 것을 깨달았다."

훗날 폐렴 수술로 목소리마저 잃지만, 그는 볼 근육을 이용해 연구와 소통을 이어갔다. 호킹은 책을 많이 읽는 아이였지만 성적이 좋은 아이도, 공부벌레도 아니었다. 하지만 루게릭병 선고를 받은 뒤 그는 남은 삶을 누구보다 열심히 살기로 했다. 자신이 살날이 얼마 남지 않았다는 사실을 알기에 더 열심히 우주를 연구하고 많은 사람에게 알리는 일을 멈추지 않았다. 그는 항상 자신의 삶을 즐겼고 우주의 신비를 알리기 위해 노력하며 우주 연구에 큰 성과를 남겼다.

이처럼 실패, 고난 등과 마주할 때마다 현재 내가 얼마나 어렵고 힘든 환경에 처해 있는가를 정확히 아는 것이 중요하다. 그것을 충분히 깨닫고 난 뒤에야 비로소 이를 이겨낼 수 있는 회복탄력성이 모습을 드러내기 때문이다.

어느 때보다 열심히 공부했음에도 오히려 성적이 떨어졌을 때, 너무도 실망한 나머지 더는 공부하고 싶지 않고 포기하고 싶다는 생각이 든다면, 그 아이는 회복탄력성이 낮은 것이다. 반면 아쉽고 속상하지만 다시 열심히 공부해서 원하는 성적을 받아보자고 마음먹는 아이는 높은 회복탄력성을 가졌다.

사실 우리는 성공보다 실패를 더 많이 경험한다. 늘 성공만 하는 것 같은 사람도 그렇게 되기까지 수없이 많은 실패를 경험했으며, 지금의 성취감 뒤에는 과거의 좌절감이 잔뜩 쌓여 있다. 이렇게 역경과 실패의 순간이 찾아올 때 이겨내도록 돕는 보호막이 회복탄력성이다. 몸의 근육이 삶에 활력이 되고 잔병치레를 막듯이 상황을 객관적으로 판단하고 긍정적인 마음을 갖는 마음의 근육은 절망과 좌절 같은 유해한 감정이 마음에 침투하지 못하도록 막아준다. 우리가 운동을 통해 몸의 근육을 키우는 것처럼 마음의 근육인 회복탄력성 또한 훈련을 통해 얼마든지 기를 수 있다.

아이의 회복탄력성을 기르기 위한 부모의 양육지침을 알아보자.

첫째, 판단은 객관적으로, 수용은 긍정적으로

아이가 실수하거나 목표한 것을 달성하지 못했을 때는 상황을 객관적으로 파악해야 한다. 무조건 잘못을 꾸짖거나 다 괜찮다며 넘어가서는 안 된다. 감정을 섞지 않고 아이와 함께 객관적으로 이유를 분석해 보자. 원인을 파악했다면 그것을 가능한 긍정적으로 받아들이는 연습이 필요하다. '그것 때문에'가 아니라 '그래도 그것 덕분에'로 마무리하는 것이다. 아이는 실패를 긍정적으로 수용하는 훈련을 통해 비슷한 상황이 반복될 때 원하는 방향으로 스스로 마음을 움직일 수 있다.

둘째, 아이의 기쁨에 집중하기

우리는 칭찬에 인색할 때가 있다. 가령 아이의 성적이 올라도 "다음에는 더 높은 점수를 받아보자!"라며 칭찬 대신 아이의 승부욕을 자극한다. 부모가 만족하는 모습을 보이면 아이가 지금 정도면 충분하다고 생각해 노력을 게을리할까 걱정하기 때문이다. 그러나 회복탄력성은 아이의 기쁨을 먹고 발달한다. 좌절에 굴복하지 않는 마음 근육을 키우기 위해서는 무엇보다 아이가 충만한 기쁨을 느껴야 한다. 아이가 잘한 일이 있다면 아이가 모자람 없이 온전한 기쁨을 느낄 수 있도록 해주자. 그리고 기쁨에 아이가 집중하는 습관을 갖도록 도와주자. 아이의 마음에 채워진 긍정적인 에너지는 회복탄력성의 마중물이 된다.

셋째, 부모의 평정심 유지하기

아이가 처한 위기나 실수 앞에서 부모가 감정의 동요를 보이면 아이의 회복탄력성이 발현되기 어렵다. 위기 상황에서 자신을 믿고 응원을 보내야 할 부모가 먼저 스트레스 상황을 극복하지 못하면 아이 역시 분노나 짜증 같은 부정적인 감정에 갇혀 버린다. '실수 때문에'를 '실수에도 불구하고'나 '실수 덕분에'로 바꾸는 능력을 발휘하는 아이로 자라게 하려면 아이의 위기 상황에서 부모의 평정심을 유지하는 것이 중요하다.

　삶에서 최고의 순간은 어렵고 힘들지만 끝내 그것을 해냈을 때 찾아온다. 회복탄력성은 특유의 긍정적인 마음으로 역경을 기회로 만들고, 위기를 성숙한 경험을 바꾸는 힘이다. 이러한 힘을 가진 아이는 공부에 치이고 성적에 상처받았을 때 스스로 치유한다. 그리고 점수와 등수라는 당장의 결과에 집착하기보다 그 결과를 위해 열심히 했던 과정을 돌아보며 다시금 공부할 마음을 키울 것이다.

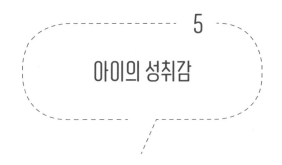

5

아이의 성취감

윤경이는 엄마가 참 좋다. 엄마 곁에 있으면 편안하고, 눈을 맞출 때면 부드럽게 웃어주고, 무언가를 열심히 할 때는 머리를 쓰다듬거나 엉덩이를 툭툭 두드려주는 엄마. 엄마의 칭찬에 힘이 나고 엄마의 따뜻한 손길에 위로받는 윤경이는 엄마의 관심과 사랑으로 몸과 마음이 무럭무럭 자라고 있는 행복한 아이다.

윤경이는 좋아하는 것과 그렇지 않은 것이 확실하다. 공부도 예외는 아니다. 국어, 미술, 음악은 좋아하지만 수학과 과학에는 좀처럼 흥미를 느끼지 못한다. 성적 욕심도 없다. 하지만 그 과목을 포기하려고 하지는 않는다. 항상 진심으로 응원해 주는 엄마가 있기 때문이다. 수학 문제집을 펼치면 금세 집중력이 흐트러지고 몇 문제도 못 풀고 자꾸만 딴짓을 하지만, 그럴 때마다 엄마는 편잔보다 응원을 보낸다.

공부는 싫지만 엄마한테 잘 보이고 싶어

그날도 책상에 앉아 엉덩이가 들썩거리는 것을 꾹 참으며 학습지를 풀었다. 총 세 장을 풀어야 하는데 한 장에 문제가 5개씩이니 무려 15개나 풀어야 한다. 윤경이가 학습지를 풀 동안 엄마는 맛있는 쿠키를 굽기로 했다. 달콤한 냄새가 솔솔 풍기기 시작하자 군침이 돈 윤경이는 얼른 5문제를 채점했다. 하나도 틀리지 않고 다 맞았다. 아직 두 장이나 남았지만 윤경이는 주방에 있는 엄마에게 쪼르르 달려갔다.

"짜잔, 엄마 저 한 장 풀고 채점했는데 다 맞았어요!"

"(학습지를 보고 엉덩이를 토닥거리며) 와, 이제 우리 윤경이는 수학도 잘하는구나! 남은 문제도 금방 풀겠는데? 엄마도 얼른 쿠키를 구워야겠다. 우리 다 풀고 같이 맛있게 먹자!"

"네, 엄마!"

윤경이는 엄마가 자신을 인정하고 좋아하는 모습에 행복해져서 방으로 들어간다. 공부는 싫지만 엄마에게 잘 보이고 싶어 남은 학습지도 빨리 풀고 싶어진다.

'부모에게 잘 보이고 싶다'라는 마음은 무엇일까? 칭찬받고 싶다, 인정받고 싶다, 사랑받고 싶다는 마음의 총합일 것이다. 이는 성취감의 또 다른 이름이기도 하다. 아이는 부모가 원하는 것을 이뤄주기 위해 노력한다. 이때 공부에 대한 부모의 소망과 아이의 소망이 일치한다면 공부 때문에 겪는 갈등이 줄어들 것이다. 하지만 애석하게도 공부를 좋아하는 아이는 많지 않다. 그럼에도 너무 사랑하고 좋아하는 부모에게 잘 보이고 싶어 공부하는 아이가 많다. 윤경이 역시 엄마가 원하는 것이 열심히 공부하는 것임을 잘 알고 있다. 그래서 공부는 싫지만 엄마가 좋아서 자신이 할 수 있는 최대한의 집중력을 발휘해 공부한다. 부모는 이 마음을 소중하게 지켜줘야 한다.

구구단 천재에서 수포자로, 영어 신동에서 영포자로

아이들은 왜 공부를 싫어할까? 자신의 기질에 맞는 공부 방법은 잘 몰라도 '공부해야 한다'라는 사실은 아이들도 잘 알고 있다.

아이들이 공부를 기피하는 이유는 단순하다. 하기 싫어서, 그리고 왜 해야 하는지를 이해하지 못해서다. 즉 알고 있는 사실(공부를 해야 하는 것)을 실천으로 옮기기 힘들어서 못할 뿐이다.

그런데 윤경이처럼 스스로 공부를 해보려고 노력하는 시기가 한 번은 반드시 온다. 부모는 이 시기의 아이를 놓쳐서는 안 된다. 이때다 싶어 공부를 더 많이 시키라는 말이 아니다. 아이가 부지런히 공부하려는 마음이 든 이유를 파악하고 그 상황을 유지시켜야 한다는 뜻이다. 윤경이는 엄마에게 잘 보이고 싶어서 (비록 딴짓은 조금 했지만) 놀고 싶은 마음을 꾹 참고 공부했다. 그리고 다 맞은 학습지를 엄마에게 보여줬을 때 기뻐하는 모습을 보고 나서 뿌듯함을 느낀다. 이 마음을 놓치지 말자는 것이다. 엄마에게 잘 보이고 싶은 동기를 지지하며 윤경이의 행동이 습관이 되도록 도와주면 된다.

아이들은 쉽고, 재미있고, 새롭고, 부모의 관심을 끌 만한 것에는 시키지 않아도 알아서 열심히 하는 모습을 보인다. 하지만 어렵고, 재미없고, 지루하고, 더 이상 부모의 관심을 느끼지 못하면 열정이 식어버린다. 아이를 보다 즐겁게 해주던 성취감이 사라졌기 때문이다. 어린 시절 노래 부르듯이 구구단을 외던 아이가 초등학교 고학년이 되면 수포자가 되고, 톡톡 튀는 뉘앙스와 유려

한 발음으로 영어 단어를 외치던 아이가 중학교에 들어가면서 영포자가 되는 것도 성취감을 얻지 못했기 때문이다.

부모는 알아서 공부하던 영특한 아이가 스스로를 '수포자', '영포자'라고 칭하는 모습이 안타까워 욕심을 부리기 시작한다. '조금만 노력하면 금방 다른 아이들을 따라잡을 수 있을 것 같은데'라는 생각으로 공부하라며 질책하는 것이다. 그날의 공부를 마친 아이가 뿌듯해하는 모습을 봐도 더 이상 감흥을 느끼지 않는다. 더 많이 공부했으면 하는 마음에 칭찬은커녕 오히려 탐탁지 않아 한다. 급기야는 다른 아이와 비교하거나 아이의 예전 모습을 들먹이며 자존심에 상처를 낸다. 부모의 관심과 칭찬을 바라던 아이는 실망감에 마음의 문을 닫아버린다. 성취감이 부담과 무기력함으로 대체되는 순간이다. 이제 아이에게 공부는 부모와 자신을 갈라놓은 증오의 대상이 된다.

사실 아이는 자신만의 속도로 나아가고 있었다. 계속해서 성장하고 있으며 어제보다 오늘, 오늘보다 내일 조금씩 더 잘하고 있다. 다만 다른 아이와 나아가는 속도가 다를 뿐이다. 이 속도를 유지할지, 아니면 좀 더 빠르게 바꿀지, 그것도 아니면 오히려 더 늦출지는 부모에게 달려 있다. 자신만의 속도로 잘하고 있는 아이에게 더 잘하라며, 더 노력하라며 채근하는 부모는 아이가 공부하는 이유를 빼앗는 것과 같다. 재미있어서, 배우는 게 좋아서, 새로운 내용을 알고 싶어서, 부모의 관심을 받을 수 있어서, 부모에게 기쁨을 주고 싶어서 한창 공부에 빠져 있던 아이는 공부를 강요받는 순간 질리고 만다.

공부 자립심을 심어주는 부모의 말

그렇다면 부모는 어떤 말과 행동으로 아이의 성취감을 높여줄 수 있을까?

한 번의 큰 만족보다 여러 번의 작은 만족을 경험하게 하자. 너무 높은 목표는 아이의 건강한 성취감을 방해한다. 만점 받기, 반에서 1등 하기, 하루에 책 5권 읽기 등 아이가 실패할 가능성이 높은 목표보다 어제보다 한 문제 더 맞기, 쉬지 않고 5문제 풀기처럼 너무 높지 않은 목표로 아이가 작은 성취감을 지속적으로 느끼게 해주자. 꼭 공부가 아니어도 좋다. 아이가 좋아하는 것에 집중할 수 있는 경험을 하고, 크고 중요한 일이 아니어도 끝까지 마무리했다는 느낌을 갖도록 하는 게 중요하다.

그다음에 아이가 오롯이 혼자서 해낼 수 있는 공부를 제안한다. 그리고 아이를 바라보며 이렇게 말한다.

"엄마(아빠) 생각엔, 가람이 혼자서도 충분히 잘할 수 있을 것 같은데?"

이 말은 아이에게 공부 자립심을 심어준다. 부모의 믿음대로 아이 혼자서 잘 해내면 칭찬의 초점을 아이에게 두고 구체적으로 칭찬한다. 성취감과 자립심을 자극하는 것이다.

"역시 이렇게 잘할 줄 알았어. 특히 이 문제는 어려웠을 텐데 끝까지 풀었네! 지난번보다 더 열심히 했구나."

이런 경험이 쌓이면 아이는 공부를 스스로 할 수 있는 일로 인식한다.

혼자 공부를 하면서 충분한 성취감을 느낀 아이는 좀 더 큰 만족을 위해 새로운 시도를 하려고 할 것이다. 이때 부모는 아이의 성장을 축하하며 보다 큰 응원을 해야 한다. 가령 혼자서 덧셈 뺄셈 문제를 풀어본 아이가 곱셈과 나눗셈을 해보겠다고 한다. 이때 아이에게 건넬 말은 "한번 해볼래?" 정도면 충분하다. 아이가 곧바로 "응, 할래"라고 반응한다면 "네가 원한다면 한번 해봐"라며 아이와 약간의 밀당을 하는 것도 좋다. 공부가 재미있어서 먼저 나서려는 아이에게 더 하라고 떠밀 필요는 없다. 그런 아이의 모습이 얼마나 예쁘고 기대되는지만 표현해 주면 된다. 용기와 격려를 담은 "한번 해볼래?"라는 부모의 말이면 충분하다.

이처럼 아이의 욕구를 파악해 칭찬하면 아이가 느끼는 성취감은 더욱 크다. 다만 아이의 기질에 따라 효과적인 칭찬에도 차이가 있다. 앞선 이야기의 윤경이처럼 무엇이든 확인받고 싶어 하는 아이는 크고 작은 칭찬을 자주 표현하는 게 좋다. 내향적인 아이라면 아이의 성과가 드러났을 때 충분히 칭찬해 주고 많은 관심을 가져주자. 이러한 기질을 가진 아이는 확실해졌을 때 안정감을 느끼는데 이때 칭찬을 받으면 성취감이 더욱 클 것이다. 만일 확인받는 것을 싫어하고 부모의 관심을 간섭이라고 생각한다면 칭찬보다 아이의 행동과 의도를 먼저 파악해야 한다. 책상에 앉은 아이에게 "이제 공부하려고? 어떤 과목 공부할 거야?"가 아니라 "공부하면서 간식 필요하면 엄마에게 얘기해"라는 말로 아이가 부담스럽지 않은 선에서 관심과 응원의 메시지를 보내는 게 좋다.

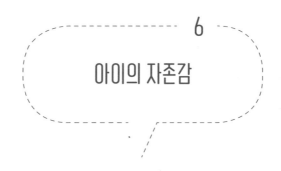

6

아이의 자존감

학교에서 시험을 치르고 온 아이의 표정이 어둡다. 가방을 내려놓은 아이가 울먹이며 말한다.

"엄마 나 바본가 봐. 어제 열심히 푼 건데 실수했어. 그것만 안틀렸으면 백 점인데 틀렸어. 나, 정말 바본가 봐. 속상해…."

말을 제대로 잇지 못하는 아이를 보자 엄마의 안타까움도 컸다.

"그러니까 엄마가 시험 볼 때 정신 차리랬잖아. 어제 공부한 거라고 자만했지? 너는 칭찬하면 꼭 실수하더라? 그리고 바보라는말을 왜 해, 바보같이."

잔뜩 주눅 들어 자신을 깎아내리는 아이의 모습이 마음 아팠던 엄마는 아이의 감정을 보듬어주기보다 속상한 마음을 먼저 드러내고 말았다. 아이는 결국 더 크게 울기 시작했다.

"엄마 미워. 실수한 내가 더 속상하지 엄마가 더 속상해? 그래, 나 바보야. 됐어?"

그러고는 방으로 들어가 오후 내내 나오지 않았다.

아이의 반어법에 휘둘리지 말자

부모는 아이러니한 존재다. 세상에서 아이를 가장 사랑한다는 이유로 아이를 가장 아프게 한다. 아이의 자존감이 상처 입는 것을 알면서 같은 상황이 되면 같은 말로 또다시 상처를 준다.

"실수할 수 있어. 정말 속상했겠다. 괜찮아, 다음에 똑같은 실수 안 하면 돼."

부모는 이런 공감과 위로의 말을 해줘야 한다는 걸 머리로는 알지만 선뜻 입 밖으로 내지 못한다.

아이는 실수하거나 속상한 일이 있을 때 종종 자신을 낮춰서 표현하곤 한다. 이럴 때 부모가 특히 조심할 것이 있다. 아이의 반어법에 휘둘리지 않는 것이다. "나, 바본가 봐"라는 아이의 말은 부모로부터 "그래, 너 바보 맞아. 바보같이 왜 실수했어?"라는 말을 듣고 싶다는 게 아니다. "아니야, 누구나 실수할 수 있어"라는 말과 따뜻한 포옹이 필요하다는 의미다. 더불어 '내가 바보가 아니라고 말해주세요'라는 진짜 속마음의 표현이기도 하다. 사실은 "우리 딸이 얼마나 멋지고 사랑스러운데 바보라니, 이렇게 똑똑한 바보가 어디 있어"라는 말이 듣고 싶은 것이다.

아이의 반어법을 눈치챘다면 진짜로 원하는 말을 해주면 된다.

"열심히 했는데 실수해서 속상했구나."

이 한 마디만 해줘도 아이의 자존감은 무너지지 않는다.

"내 딸이 바보면 엄마도 바보? 엄마는 바보 엄마 싫은데?"

이렇게 조금은 유연하고 유머러스한 분위기로 안으며 위로해 주는 것도 좋다. 그리고 아이의 마음속 풍랑이 어느 정도 가라앉으면 편안한 분위기에서 실수한 부분, 더 노력할 부분에 대해 이야기를 나눈다. 이런 과정을 거치면서 아이는 비로소 자신의 실수를 다시 바라볼 수 있게 된다.

위기에 흔들리지 않는 아이

공부한다는 것은 점점 더 어려운 단계를 끈기를 가지고 노력해

나가는 과정이다. 이것을 잘 활용하면 삶에서 크고 작은 일과 마주했을 때 스스로 극복할 수 있는 힘이 되어준다. 그런데 학년이 올라갈수록 과목이 늘어나고, 해야 할 공부의 양이 늘어나면서 성적이 떨어진 아이가 스스로의 존재 가치를 부정하는 경우가 생긴다. 자신의 가치를 성적에만 의존하다 보니 그동안 나를 지탱해주던 세계가 무너졌다고 느끼는 것이다.

초등학교에서 대학교까지, 최소 16년을 공부해야 하는 아이에게 몇 차례 이런 위기가 찾아온다. 이겨내지 못한 아이는 공부와 멀어지고 극복한 아이는 결과를 받아들이고 새로운 목표를 세우고 다시 나아간다. 성적이 떨어졌을 때 자신을 위로하고 소중하게 여기는 마음, 끈기를 가지고 다시 노력할 수 있는 힘이 필요하다. 이것이 바로 공부 자존감이다.

아이가 공부하는 힘을 키워주려면 마음 그릇에 자존감도 함께 채워줘야 한다. 아무리 공부 잘하는 아이라고 해도 실수할 수 있고, 다른 친구의 성적이 갑자기 올라 상대적 박탈감을 느낄 수도 있다. 자존감이 높은 아이는 이럴 때 크게 흔들리지 않는다. 스스로를 믿고 소중하다고 여기기 때문에 자신에겐 얼마든지 다시 시작할 수 있는 능력이 있다고 생각한다. 이런 아이는 다른 사람과 자신을 비교하며 조바심 내기보다 오롯이 스스로에게만 집중한다. 자신에게 맞는 공부 방식을 찾으면 다시 성취할 수 있다는 확신이 있기 때문이다.

아이의 자존감을 높이는 부모의 자세

내 아이가 내면의 힘으로 공부하는 힘을 발휘하게 하려면 어떤 자세가 필요할까?

첫째, 아이에게 완벽함을 요구하지 않는다.

최고보다는 최선을 다하는 모습이 기쁘다고 표현해 주자. 아직은 부족할지 몰라도 앞으로 발전할 수 있다는 믿음을 주는 것이다. 아이는 부모의 반응을 통해 자신의 위치를 파악하고 부모의 따뜻한 말과 눈빛에서 할 수 있다는 자신감을 키운다.

둘째, 아이의 장점을 바라본다.

좀 더 잘했으면 하는 것을 말하는 대신 잘한 것을 인정하는 것이다. 하루에 하나씩 소박한 칭찬을 해도 좋다.

셋째, 하루 일과 중 즐거웠던 일을 이야기한다.

그 감정을 되새기고 아이가 즐거운 일을 계속해서 만들어나가도록 격려해 주자. 아이의 즐거운 기억이 늘어날수록 자기 강점을 믿고 실수나 역경에도 흔들리지 않으며 의연하게 받아들일 수 있다.

넷째, 아이의 스트레스를 줄인다.

스트레스는 단기기억을 장기기억으로 변환해 저장하는 해마와 수상돌기의 기능을 떨어뜨린다. 그러므로 아이가 스스로의 능력과 노력을 믿도록 학습 부담과 스트레스를 줄여준다. 가령 시험지를 채점할 때 틀린 문제에 작대기 대신 별 모양을 표시하는 것이다. "네가 틀린 게 아니라 한 번 더 봐야 할 중요한 문제를 발견한 거야"라며 스트레스가 될 상황도 아이가 긍정적으로 받아들일 수 있게 말해 준다.

목표지향적으로 이끄는 부모의 말

자신을 믿는 아이는 목표를 세우고 나아갈 수 있다. 자존감이 공부 자신감으로 발현되기 때문이다. 이때 아이가 자기 능력을 확인하고 새로운 목표를 설정할 수 있도록 옆에서 도와야 한다. 이 과정이 익숙해지면 자기주도 학습 능력도 높아져 시키지 않아도 스스로 공부하는 자발적 공부 동기를 가진 아이가 된다. 지금부터 아이의 학습 목표를 설정하기 위한 방법을 알아보자.

상황극으로 틀린 문제 분석하기

아이가 선생님이, 부모가 학생이 되어 아이 스스로 틀린 문제를 분석하고 가르치도록 하자. 역할이 바뀐 것만으로도 아이는 문제를 다른 시선으로 바라보고 올바른 해결 방법을 찾으려 한다. 완벽히 이해하지 못하면 제대로 가르쳐줄 수 없기 때문이다.

"은우가 선생님이 되어 이 문제를 엄마에게 가르쳐줄래?"

비슷한 문제를 풀며 유능감 높이기

비슷한 문제를 해결하는 과정에서 아이는 유능감을 느낀다. 유능감으로 자존감이 높아진 아이는 '할 수 있네. 다른 문제도 풀어볼까?'라며 목표의식을 갖는다.

아이가 어려워한다면 함께 문제 풀기

"넌 할 수 있어"라는 말은 막연한 격려일 뿐이다. 못하는 아이에게는 격려와 더불어 문제를 풀 수 있도록 도와주는 부모가 필요하다. "혼자 풀기 어려워? 도와줄까?"라고 물어보고 원한다면 바로 도와주자. "이렇게 쉬운 문제를 왜 못 풀어?"라는 말은 자존감에도, 아이의 학습 목표 설정에도 좋지 않다.

　이 과정에서 아이로 하여금 완벽하지 않아도 괜찮다는 믿음을 갖게 하는 부모의 말을 들려주자. 아이는 앞으로도 새로운 것을 '배우고(學) 익히는(習)' 학습을 할 것이다. 이때 자기를 믿는 아이와 믿지 못하는 아이의 태도는 다르다. 스스로를 믿는 자존감이 높은 아이는 눈을 반짝이며 과감하게 시도한다. 실패해도 괜찮고, 잠시 숨을 고르고 다시 하면 된다는 것을 알고 있기 때문이다. 하지만 자존감이 낮은 아이는 '못하면 어떡하지?'라는 생각에 두려움부터 느낀다.

　2021년 도쿄 올림픽 여자 배구 경기에서 국가대표 김연경 선수는 팀원들을 독려하며 이렇게 말했다.

　"해보자, 해보자, 해보자! 후회하지 말고."

　그녀의 말대로 일단 해본 선수들은 그날의 경기에서 끝내 승리했다. 김연경 선수는 자존감이 높기로 유명하다. 일단 해보자는 생각은 자신을 신뢰하는 마음에서 나온다. 자존감이 높은 아이는 스스로를 사랑하기에 발전 가능성을 믿는다. 만일 경기에서 패배했더라도 그녀는 이렇게 생각했을 것이다.

　'내가 이렇게 노력하는 과정에서 실력이 향상됐을 거야.'

7

아이의 자신감

"한글 학습은 언제 시작하면 좋을까요?"

자녀 교육을 상담할 때 부모로부터 자주 듣는 질문이다. 요즘에는 초등학교에 입학하자마자 받아쓰기를 한다며 유치원에 다닐 때 한글을 떼야 할지, 아니면 입학 전에 시작하는 게 좋을지 고민이라는 것이다.

상담을 마치고 초등학교의 최근 받아쓰기 교육 방식을 좀 더 알아보고 싶어졌다. 포털 사이트에 '받아쓰기'를 검색했다. 그러던 중 어느 엄마가 아이의 받아쓰기를 지도하는 과정을 솔직하게 정리한 블로그 글을 정말 재미있게 읽었다. 유쾌한 부모의 교육 방식과 여기에서 비롯한 아이의 자신감이 너무 좋았다.

글은 한 장의 사진으로 시작한다. 아이의 받아쓰기 공책이다. 애석하게도 10문제 모두 틀렸다는 표시의 빗금이 가장 먼저 눈에 들어온다. 다음에는 1번부터 10번까지 뭐라고 썼는지 도무지 모를 기호가 보인다. 아마도 아이는 맞춤법이 헷갈리는 정도가 아니라 한글을 거의 모르는 수준 같았다. 아이가 내민 빵점짜리 공책을 보며 엄마는 어떤 표정을 지었을지 궁금했다.

엄마의 글이 흥미진진하게 이어졌다. 아이가 다닌 학교는 매주 받아쓰기를 했는데 첫 받아쓰기에서 제대로 쓴 것이 하나도 없었단다. 사실 아이의 가족은 미국에서 살다가 들어온 상황이었다. 엄마는 미국에서 교육 봉사활동을 했는데 이민이나 유학을 온 한국 학생들이 조기교육에 힘들어하는 모습을 자주 보면서 자신의 아이를 억지로 학습에 노출시키지 않았다. 그렇게 한국에 와서 자체 속성 교육으로 자음과 모음만 겨우 가르쳐 아이를 1학년 2학기에 진학시켰던 것이다. 그런 아이가 맞춤법을 시험하는 받아쓰기를 제대로 썼을 리 없었다.

그런데 엄마를 가장 당혹스럽게 한 것은 아이의 빵점짜리 시험지가 아니라 담임선생님이 남긴 메모였다.

"공부 좀 합시다!"

빵점 맞은 아이와 백점 엄마의 대처법

잠시 충격을 받긴 했지만 엄마는 금세 마음을 추슬렀다.

'그래, 공부하면 되지. 언제까지 빵점만 받아오겠어?'라고 생각하며 아이에게 말했다.

"괜찮아. 첫 시험이었고 공부도 안 했으니 빵점을 받을 수밖에 없었어."

그러면서 다음 받아쓰기까지 딱 두 개만 공부해서 두 개만 확실하게 맞아보자고 제안했다. 받아쓰기 목표가 '두 개 공부하고 두 개 맞기'라니. 이보다 더 유쾌하고 통쾌한 부모는 없다는 생각에 나도 모르게 손뼉을 쳤다. 아이의 기를 살려주면서 무리한 목표를 잡지 않은 것이다. 동시에 아이가 성공을 경험하고 성취감을 느낄 수 있는 제안까지. 나무랄 데 없이 절묘한 육아 방식이었다.

미국에서 생활하다 한국에 들어온 지 얼마 되지 않은 아이의 사정을 고려하면 담임선생님의 메모에 서운할 수도 있다. 첫 받아쓰기였던 만큼 에둘러 표현해도 좋았겠지만 한 아이만 가르치는 것은 아니니 이해해야 하지만 말이다. 만약 '그동안 내가 너무 무심했어'라며 아이와 죽기 살기로 한글 공부를 시작했다면 동시에 이제껏 지켜온 부모의 교육 철학은 수포로 돌아갈 위기에 처한다. 아이 또한 갑자기 변해버린 엄마의 태도와 늘어난 공부의 양에 힘들어할 수밖에 없다. 급작스럽게 몰아치는 공부 환경에 내몰린 아이는 "공부 싫어, 엄마도 싫어"라고 외칠 것이다.

그런데 이 엄마는 누구보다 회복탄력성과 자존감이 높았다. 자신의 교육 철학을 보완하며 아이가 상처받지 않고 즐겁게 공부할 방법을 천천히, 그러나 탁월하게 세워나갔다. 공부 기준을 같은 반 친구에게 두지 않고 아이의 현재 수준에 두고 받아쓰기 학습 목표를 정했다. 다음 시험에는 두 개 맞기, 그다음 시험에는 세 개 맞기… 이런 식으로 정답 개수를 하나씩 늘려보자고 아이에게 제안한 것이다. 과연 아이의 받아쓰기는 어떻게 됐을까?

엄마와의 약속대로 아이는 딱 두 개만 공부했고, 공부한 두 개는 틀리지 않고 20점을 받아왔다. 엄마는 아이의 성공을 축하했고 아이도 신이 난 모습이었다. 아이의 점수는 10점씩 꾸준히 올랐고 마침내 아이는 70점을 받아 왔다. 70점짜리 시험지를 내미는 아이에게 엄마는 뭐라고 말했을까?

강연회에서 이런 질문을 하면 "잘했어, 이제 100점 맞자"라는 대답이 많이 들린다. 하지만 이 엄마는 70점이라는 점수를 보고 마치 전교 1등이라도 한 듯 크게 기뻐했다. 블로그의 마지막을 장식한 것은 100점짜리 받아쓰기 사진이었다. 성공률 100%였다.

백 명의 아이가 있다면
백 개의 공부 계획이 필요하다

이 엄마의 양육 방식은 아이의 자신감을 높여주는 데 매우 효율적이다. 아이의 공부 결과를 대하는 부모의 태도는 아이의 상황을 기준으로 해야 한다. 부모의 기대치에 못 미치는 성적이나 점수를 받아도 그 결과가 아이의 현재 수준에서 적당한 것인지, 아이의 노력에 걸맞은 것인지를 먼저 생각하는 것이다. 아이를 탓하거나 몰아세우기보다 아이가 확실하게 성공할 수 있는 제안을 해보자. 성공 경험에서 맛본 자신감이 아이를 스스로 공부하게 할 것이다.

1단계 ————
아이 수준에 맞는 성공 목표 설정하기

"다음 시험에는 딱 두 개 공부해서 두 개만 맞아보자."

2단계 ————
아이가 도달할 수 있는 성공 단계 높이기

"오늘 너무 잘했어. 약속을 정말 지켰네. 대단하다. 우리 다음 시험에는 세 개만 공부해 볼까? 오늘보다 하나 더 맞는 거야. 어때? 그렇게 할 수 있을까?"

이제 중요한 과정이 하나 더 남았다. 아이가 '할 수 있도록' 부모가 함께해 주는 것이다. 말로만 해보자, 할 수 있을 거라고 하지 않고 아이의 공부에 부모가 참여하자. 이제 막 새로운 공부를 시작한 아이는 맞는 일보다 틀리는 일이 많다. 시험을 앞둔 아이의 공부를 말로만 독려할 게 아니라 함께 공부하며 아이가 답을 맞히는 경험을 미리 제공해야 한다.

3단계 ———
곁에서 함께 학습하기

"우리 미리 받아쓰기 연습해 볼까? 공부한 내용을 정말 맞힐 수 있을지…. 그럼 기분이 어떨까?"

아이의 학습 동기는 저절로 일어나기 어렵다. 부모가 곁에서 동력의 엔진을 가동해 주어야 한다. 엔진이 돌아가기 시작했다고 부모가 슬쩍 빠지지 말고 아이가 직접 성공을 경험할 때까지 함께 해주자. 이때는 아이가 실수하거나 공부한 것을 틀려도 꾸짖거나 지적하지 않는다. 그보다는 격려와 도움으로 공부에 흥미를 가지도록 천천히 이끌어준다. 성공을 맛본 아이에겐 더 많은 것을 할 수 있을 것 같다는 자신감이 생긴다. 아이가 자신감을 바탕으로 성공 경험을 축적하기 시작할 때 부모는 자신의 자리를 슬며시 내주고 격려와 응원, 따뜻한 칭찬을 보내면 된다. 스스로 공부하며 주도적으로 학습하는 자세가 준비되었기 때문이다.

중요한 것은 정해진 공부 방식은 없다는 것이다. 지금 내 아이의 상황과 수준, 기질 등에 따라 저마다 다른 방식으로 아이가 공부에 접근할 수 있도록 도와야 한다. 백 명의 아이에겐 백 개의 다른 공부 방식이 필요하다.

성공 경험이 많을수록 공부를 잘한다

성공 경험을 축적한 아이는 자신감이 붙는다. 자신감이 상승하면 부모의 도움 없이도 혼자서 공부할 수 있다는 의지를 보인다. 비로소 자기주도 학습이 시작되는 것이다.

학습 능력은 어느 정도 타고나는 것이며 아이마다 제각각이다. 내 아이가 또래에 비해 공부하는 속도가 느리거나 습득 능력이 떨어진다고 고민하는 부모가 많다. 고민은 금세 초조함으로 바뀌고 처음 다짐했던 것과 달리 아이에게 높은 수준의, 그러나 성공 여부가 불확실한 공부 목표를 부추긴다. 안타깝지만 이 방법은 오히려 그나마 남아 있던 공부할 마음을 사라지게 만든다.

만일 아이의 공부 의욕이 부족하다고 생각한다면 다른 의욕을 자극하자. 의욕이 없는 아이는 없다. 아이가 막 걷기 시작했을 때를 생각해 보자. 하루에도 수없이 넘어지면서 끝까지 다시 일어나 걷는다. 걸음이 익숙해지면 이번에는 쉬지 않고 뛰어다닌다. 아주 작은 것에도 호기심을 보이며 뛰고 또 뛴다. 아이는 모두 호기심과 의욕으로 넘쳐난다. 분명 내 아이에겐 이것만은 누구에게도 지지 않는 것이 있을 것이다. 공룡에 관해서라면 따를 사람이 없을 만큼 많이 알고 있거나, 자동차 모양만 봐도 차종을 알아맞히며, 또래 아이 중 줄넘기를 제일 잘하고, 반에서 큐브를 가장 빨리 맞출 수도 있다. 이거면 충분하다. 누구에게도 지지 않을 자신만만한 강점은 아이의 자신감을 키운다. 한 가지에 자신감이 붙으면 다른 것에도 자신감이 생긴다. 하나의 자신감이 점점 다른 자신감으로 이어지는 것이다. 그 에너지로 아이는 어떤 것이든 열심히 하려는 의지를 보인다.

배우는 속도가 느리다고, 성적이 낮다는 이유로 아이의 자신감을 빼앗아서는 안 된다. 그보다는 아이의 확실한 자신감을 공부로 이어지도록 도와주어야 한다.

"큐브를 이렇게 빨리 맞추는 걸 보니 우리 민서는 다른 친구들은 오래 걸리는 도형 문제도 빨리 풀 수 있겠다!"

잘할 수 있는 게 또 있을 것이라는 부모의 말을 들으면 아이는 금세 자신감이 샘솟아 '해보자!'라며 도전한다. 반대로 "큐브만 잘하면 뭐 하니? 수학 점수가 이런데"라며 잘하는 것마저 무시하고 아쉬워하는 부모의 모습을 보이면 아이는 '어차피 난 못하니까'라며 지레 포기해 버린다. 중요한 것은 아이의 자신감을 어떻게 키우고 다른 영역으로 연결시켜주느냐다. '큐브만 잘하는 아이'와 '큐브를 잘하니까 다른 것도 잘할 가능성이 있는 아이'라는 작은 차이는 시간이 지날수록 점점 벌어진다. 아이가 쌓는 자신감의 높이도 달라진다. 아이의 자신감은 공부로 이어지고 다른 가능성에 끊임없이 도전하는 자아실현으로 확장된다.

8
도움을 요청할 줄 아는 아이는 포기하지 않는다

아주 오래 전, 지도도 없던 시절. 고대의 여행자에게는 밤하늘의 별이 어둠 속에서 방향을 잡을 수 있는 유일한 수단이었다. 새로운 곳으로 떠나는 사람들은 길을 잃지 않기 위해 별이 빛나는 하늘에서 북극성을 찾는 법부터 배웠다. 북극성은 어디에서나 보이고 항상 같은 자리에 있는 별이기 때문이다. 길을 잃은 여행자는 밤하늘의 북극성을 길잡이 삼아 다시금 방향을 잡고 나아갈 수 있었다.

언제 어디서나 같은 곳에 있는 별. 우리에게도 매 순간 북극성 같은 존재가 필요하다. 흔들리고 막막한 순간이 찾아올 때 북극성처럼 더 이상 길을 잃어버리지 않도록 기준을 잡아주는 존재.

우리가 아이였을 때 부모는 북극성이 되어주었다. 부모에게 의지해 먹고, 자고, 세상을 바라보았으며 걸음마를 익혔다. 부모의 따스한 보살핌 아래 자라며 길을 헤맬지라도 길을 잃지는 않았다. 어려움에 처했을 때는 혜안을 얻었고, 필요할 때는 도움도 받았다. 아이에게 부모는 북극성이고, 등대이며, 나침반이다.

아이는 언제든 부모에게 손 내밀고 의논하고 지혜를 공유하며 성장해야 한다. 자라면서 부딪히는 문제와 뛰어넘어야 할 장벽 앞에서 부모가 조금만 도와주면 훌쩍 극복할 수 있다. 힘들 때 도움을 요청할 줄 아는 아이, 지혜를 구할 줄 아는 아이는 쉽게 포기하지 않는다. 언제든 자신을 도와줄 누군가가 있다는 걸 알기에 주저앉지 않는다. "그럴 수 있어. 함께해 보자"라며 이해하고 도와주는 부모가 있다면 아이는 다시 시도할 것이다. 엉뚱한 길을 가다가도 다시 바른길로 돌아온다. 어른답게 문제를 대하는 부모와의 경험에서 인생의 지혜와 성공 경험을 쌓으며 말이다.

하지만 부모에게 적극적으로 도움을 요청하지 못하는 아이가 많다. 친구에게 고민을 털어놓거나 그마저도 못해 어리고 여린 마음에 꾹꾹 눌러 담기만 하는 아이도 있다. 부모라는 가장 막강한 내 편을 외면하는 이유는 무엇일까? 도움의 손길을 내밀었을 때 돌아오는 것이 혼나기, 잔소리라고 생각하기 때문이다.

엄마랑 얘기하니 다 해결됐어요

국제고등학교 선생님에게 들은 이야기다.

어느 날 한 학생이 부모와 한 시간 반을 통화하면서 울었다고 말하더란다. 자신이 예상한 것보다 낮은 성적이 속상해서였다. 교사는 그 말을 들으며 여러 생각이 교차했다고 한다.

'얼마나 마음이 힘들면…'

'그런데 한 시간 넘도록 울었다니…. 너무 성적에 목숨 거는 건 아닐까?'

'혹시 부모 의존이 너무 심한 건 아닌가?'

'그래, 누구보다 열심히 공부했는데 이번 성적이 좀 충격적이긴 하겠지.'

별의별 생각을 다 했는데 아이는 엄마와 통화를 마치면서 이렇게 말했다고 했다.

"엄마, 엄마랑 얘기하니 다 풀렸어요. 해결됐어요. 역시 엄마랑 의논하길 잘했어. 엄마랑 이야기 나누면 힘이 나요."

나중에 학생의 부모에게 들어보니 엄마가 해결해 준 것은 아무것도 없었다. 대학입시를 앞둔 아이의 성적 걱정에 부모가 해줄 수 있는 일이란 게 얼마나 되겠는가. 그저 묵묵히 들어주고 "무리

하지 말고 쉬면서 공부해"라고 말하는 것밖에는. 그러자 아이는 결의에 찬 목소리로 "엄마, 그럼 못 쫓아가요. 다시 열심히 해봐야죠"라고 대답했다고 한다.

아이는 사교육을 한 번도 받지 않고 국제고등학교에 입학했다. 아이를 학교 기숙사에 보낸 엄마는 걱정이 많았다. '잘 따라갈 수 있을까?', '선행학습을 받은 친구들에게 치이지 않을까?'

아니나 다를까. 1학년 1학기 때 절절매는 아이를 보며 엄마의 걱정은 더욱 커졌다. 너무 욕심부린 것은 아닌지, 아이가 너무 스트레스를 받아서 마음을 다치는 건 아닌지 하고 말이다. 하지만 아이의 생각은 달랐다. 힘들 때마다 엄마에게 솔직하게 말했고, 그런 자신을 걱정해 주고 응원하는 엄마와의 문자와 통화로 힘을 얻었다는 것이다. 힘들다는 아이의 고백은 엄마에게 위로받고 다시 도약하기 위한 의지의 표현이었다.

강요 대신 '널 믿어'라는 격려

엄마는 아이가 방학 때 집에 오면 공부 이야기를 일절 하지 않았다고 한다. 엄마라고 왜 불안하지 않았겠는가. 국제고등학교에 다니는 다른 학생들은 방학 기간에 강남의 유명 학원에 다니거나 고액 과외를 받으며 보충과 선행학습을 한다지만 형편상 그만한 여유는 없었다. 대신 내 아이가 믿는 대로 자라줄 것이라는 생각을 등대 삼았다. 지금껏 사교육 없이 자기주도 학습만으로 좋은 결과를 가져온 아이의 노력을 믿기로 한 것이다.

엄마는 이 믿음을 말과 행동으로 보여주며 실천했다. "공부해라"라는 말 대신 "집에 있을 때는 푹 쉬고, 먹고 싶은 거 실컷 먹고, 그동안 하고 싶었던 거 맘껏 해"라는 말을 했다. 학기 중에 너무도 애쓴 아이를 알기에 진심으로 한 말이었다. 그럴 때마다 아이는 "하루 놀면 며칠 밤새야 해 엄마"라고 하거나 "역시 천사 엄마야, 근데 그러면 내가 불안해"라고 했단다. 이런 말을 하는 아이의 표정은 항상 싱글벙글이었다. 놀기도 하고 쉬기도 하라는 엄마의 말이 좋았던 것이다.

아이를 믿는다는 마음을 말과 행동으로 보여준 엄마의 태도가 알아서 공부하는 아이로 키웠다. 아이는 엄마가 말로만 자신을 믿는 게 아니라 진심으로 신뢰한다는 사실을 알았기에 힘들 때마다 가장 먼저 엄마를 찾았다. 엄마는 아이가 도움을 요청하면 기꺼이 도와주었으며 강요 대신 격려로 키웠다.

도움을 요청하는 아이는 고비를 잘 넘긴다

만약 이 아이가 자라며 엄마와 대화를 나눌 때마다 아이의 감정을 먼저 생각하는 부모가 아닌, 아이의 성적을 먼저 생각하는 학부모의 입장에서 이야기했다면 어땠을까? 아마 아이는 속상한 일을 털어놓거나 도움이 필요할 때 잡아달라며 손을 내밀지 않았을 것이다.

쟁쟁한 실력을 갖춘 친구들과 학업 경쟁을 해야 하는 고등학생 자녀의 학업 고민에서 부모가 도움이 되는 존재라는 것은 어떤 의미일까. 경쟁에서 이기고 싶지만 뜻한 대로 결과가 안 나왔을 때, 실망감과 불안감이 계속해서 쫓아올 것이다. 그렇지만 친구들에게는 아무 일 없다는 듯 의연한 모습을 보여주고 싶다. 이럴 때 응석 부리고 엉엉 울며 진짜 속마음을 털어놓을 수 있는 부모가 있다면 아이에게는 부모의 존재 자체가 회복탄력성의 밑바탕이다.

한밤중에 성적 문제로 울며 부모에게 전화한 아이에게 "괜찮아, 열심히 한 걸 누구보다 우리가 잘 알고 있잖아. 이번에는 아쉽지만 분명 네가 노력한 것들이 헛되지 않고 다음 시험에서 빛을 볼 거야. 앞으로도 힘든 일이 있으면 엄마 아빠한테 꼭 의논해 줘"라고 말할 수 있는 부모가 되어야 한다. 물론 이 말이 효과가 있으려면 아이가 처음 도움을 요청한 순간부터 지금까지 한결같이 아이의 입장이 되어 들어주고 함께 해결하려는 진실된 모습을 보여주어야 한다. 그래야 언젠가 "엄마(아빠)와 통화한 것만으로도 힘이 나요"라고 말하며 스스로 감정을 다스리고 긍정적인 마음으로 다시 시작할 용기를 내는 아이를 볼 수 있다. 그렇지 않으면 효력을 고민할 필요도 없다. 아이는 도움을 요청하지 않을 테니까.

도움을 요청할 줄 아는 아이는 쉽게 포기하지 않는다. 고비마다 부모로부터 필요한 에너지를 취할 수 있기 때문이다.

"엄마 아빠 점수에 관계없이 네가 자랑스러워. 힘들다고 의논하고 말해 줘서 고마워."

아이는 앞으로도 누구에게도 말하지 못하는 마음속의 불안, 갈등, 막연한 걱정 등을 부모와 의논하고 도움을 청할 것이다. 부모의 격려로 걱정을 떨치며 자신의 에너지를 잘 집약해 사용할 것이다. 공부는 아이의 몫이기에 부모가 대신해 줄 수 없음을 알지만 부모에게 마음을 털어놓는 동안 아이 스스로 갈피를 정하고 힘을 충전한다. 아이가 부모에게 도움을 청할 수 있는 환경을 만들어주자.

"친구와 의논해야 할 일이 있고, 엄마가 필요할 때가 있을 거

야. 어떨 때는 아빠가 필요할 때도 있어. 무슨 이야기든 편하게 얘기해 줬으면 해. 엄마 아빠잖아."

그리고 아이가 어떤 이야기를 하든 진심으로 아이의 입장이 되는 것이다. '세상 모든 사람과 의논할지언정 엄마 아빠하고는 절대 의논 안 할 거야'와 '누구에게도 하지 못할 말을 엄마 아빠한테는 할 수 있어'는 부모의 말과 행동에 달려있다. 아이에게 언제고 변하지 않을 북극성처럼 늘 같은 자리에서 한결같이 빛나는 존재가 되자. 나만의 북극성을 가진 아이는 잠시 헤매더라도 길을 잃지 않고 자신의 길을 찾는다.

2부

아이의 공부 자신감을
키워주는 확실한 습관

1
글씨 잘 쓰는 아이가
공부도 잘한다

신언서판身言書判이라는 말이 있다. 몸, 말씨, 글씨, 판단력을 일컫는 말이다. 신身에 대한 해석은 용모다. 단순한 외모를 넘어 그 사람의 자세와 풍기는 분위기까지 포함한다. 언言은 말솜씨로 조리 있는 말과 말하는 태도다. 서書는 글씨체와 글을 잘 쓰는 탁월한 능력을, 판判은 사물의 이치를 깨닫는 판단력이다.

이 네 가지 중 세 가지(신, 언, 판)는 시대에 따라 해석이 다르긴 해도 인간의 품격을 평가하는 조건으로는 크게 변한 것이 없어 보인다. 하지만 '서(글씨)'에 대해서만큼은 그 가치가 많이 폄하된 느낌이다. 손글씨 쓸 일이 줄어들면서 글자의 모양에 대한 중요성도 덩달아 낮아졌다. 하지만 학생에게는 예외다. 이 시기에 글씨는 공부와 직결된다.

공부에서 읽기와 쓰기를 논외로 하면 말할 수 있는 것이 없다. 초등학교에 들어가는 아이가 가장 먼저 준비하는 것도 연필과 공책이다. 쓴다는 것(적는 것) 역시 교실에서 이뤄지는 아이의 학습 행위 중 많은 부분을 차지한다. 글씨가 아이의 공부에 어떤 영향을 주는지 두 아이 이야기를 살펴보자.

어느 날 진혁이가 학교에서 돌아와 엄마에게 "억울하다"며 하소연했다. 수학 시험에서 정답을 써냈는데 선생님이 오답 처리를 했다는 것이다. 진혁이는 그 길로 선생님에게 달려가 "선생님, 저 이 문제 맞았는데 왜 틀렸다고 하신 거예요?"라고 물었다. 그러자 선생님은 "진혁아 이 문제의 정답은 16이야. 그런데 진혁이는 18이라고 썼네"라고 대답했다. 진혁이가 쓴 숫자 6이 선생님의 눈에는 숫자 8로 보인 것이다. 아무리 봐도 18로 보인다는 선생님에게 진혁이는 공책을 보여주며 자신의 말이 맞다는 것을 증명해야 했다.

이야기를 들은 엄마는 잠시 생각했다. 그러고는 진혁이에게 학교에서 필기한 공책들을 볼 수 있냐고 물었다. 아이의 공책을 펼쳐 보니 담임선생의 심정이 단번에 이해됐다. 진혁이가 쓴 숫자는 몇몇이 매우 헷갈려 보였다. 8이 0처럼, 6은 8처럼, 9는 7처럼, 7은 1처럼 보였다. 더욱 기가 막힌 건 아이가 자신이 쓴 숫자도 헷갈려

하며 잘못 읽은 것이다. 이 사건을 계기로 엄마는 진혁이의 숫자뿐 아니라 글씨까지 꼼꼼히 살펴보기 시작했다. 이대로 두어서는 안 되겠다는 생각에 이제부터라도 아이의 글씨를 바로 잡기로 했다.

글자는 약속 기호다. 책상을 한국어로 '책상', 영어권에서는 'desk'라고 쓰듯 사회 구성원끼리 그렇게 쓰자고 임의로 약속한 기호라는 뜻이다. 숫자는 대체로 아라비아 숫자를 쓴다. 그런데 읽는 사람이 그 의미를 헷갈린다면 그 글자는 '약속 기호'가 아닌 아무 의미도 없는 '나만의 기호'가 된다.

다음은 민석이의 이야기다.

어느 날 민석이가 뿌듯한 표정으로 알림장을 내밀었다.

"엄마 이것 좀 봐봐. 정말 내가 그렇게 글씨를 잘 써?"

"갑자기 그게 무슨 말이야?"

민석이가 엄마에게 신이 나서 말했다.

"오늘 선생님이 나 글씨 잘 쓴다고 칭찬해 주셨어."

"오, 선생님께 글씨 잘 쓴다고 칭찬받았어?"

"응, 쉬는 시간에 애들이 내 공책 보더니 정말 글씨 잘 쓴다면서 부럽다고도 했어."

"그래? 우리 민석이 엄청 기분 좋았겠네. 엄마는 예전부터 우리 민석이 글씨가 너무 예뻐서 참 좋았는데. 이제 선생님도 인정해주셨다고 하니 너무 자랑스럽다. 멋있어. 우리 아들!"

"이제부터 글씨 쓸 일 있으면 나한테 말해. 내가 다 써줄게!"

으쓱해 하며 방으로 들어간 민석이는 이튿날부터 학교에 가는 게 즐겁다며 즐거운 표정으로 등굣길을 나섰다. 그뿐 아니다. 공부에 대한 태도도 달라졌다. 선생님의 칭찬에 자신감을 얻었는지 무슨 일이든 당당하게 나서고 학습 의욕도 올라갔다. 선생님의 칭찬을 받고 한껏 기뻐하는 아이에게 엄마는 에코익echoic 반응을 해주었다. 에코익은 '들은 말을 그대로 따라 하는 것'으로 칭찬을 강화하는 장치다. 민석이가 선생님에게 들은 칭찬을 메아리처럼 다시 들려줌으로써 아이의 성취감을 키우고 격려의 말을 덧붙여 자신감을 극대화하는 것이다.

글씨, 필기, 성적은 3종 세트다

성적에 관심이 많은 부모라면 아이의 글씨를 살펴볼 필요가 있다. 공부를 잘하려면 필기도 잘해야 한다. 잘 쓴 글씨의 판단 기준은 얼마나 잘 이해해서 쓴 건지, 눈에 잘 들어오게 썼는지다. 학습 내용을 제대로 이해해야 내용을 정리할 수 있고, 그것을 반듯하게 써내려가면서 한 번 더 정리가 되고 나중에 다시 보고 싶어진다. 필기는 내용 정리와 가독성이 좋도록 쓰는 능력을 필요로 한다.

글씨 모양이 공부에 중요한 이유는 반복 학습 때문이다. 필기를 보며 복습하는데 자신이 써놓고도 뭐라고 썼는지 헷갈린다면 반복 학습이 어렵다. 게다가 고학년으로 올라갈수록 필기 양이 늘어나고 요약할 것도 많아 글씨 쓰는 속도가 빨라진다. 악필인데 쓰는 속도까지 빨라지면 자신이 써놓고도 알아보기 어렵다. 필기는 다시 보는 것이 가장 큰 목적인데 봐도 내용을 알 수 없다면 아무런 의미가 없다. 필기는 반복 학습의 기본이고, 반복 학습은 성적을 좌우한다. 글씨, 필기, 성적은 3종 세트다. 아이가 반듯한 글씨를 쓸 수 있도록 관심을 갖고 격려해 주자.

글씨는 아이의 평생 능력

자기 글씨를 알아보지 못하는 아이는 생각보다 많다. 그래서일까. "아이 숙제를 검사하는데 노트가 꼭 낙서장 같았어요." 이런 상담을 심심치 않게 받곤 한다.

글씨체는 7~9세 사이에 완성된다. 특히 초등학교 1~2학년에 반듯한 글씨체를 완성할 수 있도록 관심을 가져야 한다. 이 시기에 완성된 글씨체는 습관이 되어 아이의 필기 능력을 좌우한다.

아이들의 글씨를 보면 연령이 낮을수록 글씨체가 또렷하고 바르다. 7세 정도의 유아가 글씨를 배울 때는 한 글자 한 글자 또박또박 한글의 획순까지 살려 제대로 쓴다. 그러다 글씨를 제법 잘 쓰게 되는 시기가 오면 'ㄹ'자는 'ㄴ'자가, 'ㅂ'은 'ㅂ'자가 된다. 한글을 배울 때는 획순에 따라 'ㅂ'은 4획, 'ㄹ'은 3획으로 쓰지만 글씨가 능숙해지면 'ㅂ'을 2획(ㅂ)으로, 'ㄹ'은 한 번에 1획(ㄴ)으로 써버린다. 이러다 보면 학년이 올라갈수록 글씨가 엉망이 되기 쉽다.

언제부터 한글 학습을 시작해야 하는지 상담해 오는 부모는 정말 많다. 반면 이 시기 아이의 글씨 모양에 집중하는 부모는 거의 없다. 그러다가 초등학교에 들어가면서 글씨에 관심을 갖는다. 아이가 쓰는 글자의 양은 늘어나는데 알아보지 못해 뒤늦게 발등에 불이 떨어진 것이다. "글씨는 빨리 쓰는데 예쁘게 못 써요. 자기가 쓴 알림장도 못 알아봐요" 하며 4학년 아이의 글씨를 잡아주려 펜글씨 교본으로 연습시키는 것을 본 적이 있다. 아이는 몸을 비틀며 어쩔 줄 몰라 하고 있었다. 무작정 글씨를 따라 쓰려니 재미없고 지루해서다. 시간이 갈수록 펜글씨 교본의 점선을 벗어나 획획 갈기듯 썼고, 결국 부모에게 호된 꾸중을 들었다.

아이가 글씨를 익히는 시기라면 한글을 떼는 속도도 중요하지만 글씨 모양에도 관심을 갖자. 만일 아이의 글씨체에 교정이 필요하다는 생각이 들면 고학년이 되기 전에 시작하는 게 좋다. 고학년은 이미 글씨 습관이 굳어져 교정이 어렵다. 글씨체를 살필 겨를도 없을뿐더러 해야 할 공부 양도 많아서다.

우리 뇌는 경험에 의해 변화하고 발달하는 가소성을 지녔다. 자신의 글씨에 만족하는 아이는 쓰기를 즐거워한다. 내용을 잘 정리하고 쓰기를 즐기며 메모하는 습관을 가진 아이는 학습 능률이 오른다. 또박또박 글씨를 써내려 나가는 습관으로 아이의 학습 경쟁력을 키워주자.

글씨, 어떻게 잘 쓰게 할까?

아이의 글씨가 예쁘지 않다고 지적해서는 안 된다.
"글씨가 이게 뭐야? 엄마도 못 알아보겠다."
자신의 부족함을 지적받은 아이에게 글씨 쓰는 것은 재미없고 힘든 일이 될 수 있다. 이럴 때는 아이가 쓴 글씨 중 가장 잘 쓴 글자를 손으로 짚으며 칭찬해 주자.

"오, '습'자를 정말 잘 썼네! 이 글자는 예쁘게 쓰기 어려운데 어쩜 이렇게 잘 썼을까."

칭찬해 준 글자는 다른 글자를 쓰는 기준이 되고 서서히 아이의 글씨가 변화할 수 있다.

한글뿐 아니라 숫자도 잘 쓰고 있는지 살펴보자. 한글에 획순이 있듯이 숫자에도 올바른 순서가 있다. 앞서 진혁이의 이야기처럼 정확하지 않게 쓴 숫자 때문에 점수가 깎이거나 오해가 생기지 않아야 한다. 특히 '0, 6, 7, 8, 9'와 같은 숫자는 빨리 쓰다 보면 헷갈려 보이기 쉽다.

다양한 서체와 캘리그래피가 주목받는 시대다. 개성 있는 글씨도 좋지만, 우선은 정확하고 반듯한 글씨체부터 익힌 뒤 자신만의 창조적 글씨체를 쓰는 게 좋다.

아이가 글자를 다시 쓰는 과정을 지루해한다면 필사를 시도해 보자. 필사의 기본 원칙은 글의 의미를 이해하는 자세로 쓰는 것이다. 최근에는 다양한 필사책이 있으니 아이와 함께 골라 필사해 보자. 글의 내용을 이해하려는 노력으로 한 문장 한 문장 정성 들여 쓰는 과정을 거치면 '글쓰기'에도 자신감이 생긴다. 필사를 마친 후 머릿속에 남은 문장은 기분 좋은 보너스다.

초등학교에 부모교육 강연을 가면 교사들과 이야기 나누는 시간을 종종 갖는다. 그럴 때면 어떤 아이가 수업 중 눈에 띄는지 묻곤 한다. 놀랍게도 대답은 비슷하다.

'잘 듣는 아이'

선생님의 말을 조금도 허투루 여기지 않는 아이의 남다른 자세와 태도에 저절로 눈길이 간다고 한다.

잘 듣는다는 말에는 여러 의미가 담겨 있다. 화자의 입장에서는 귀담아듣는 자세와 태도에 더욱 말할 맛이 나는 것이고, 청자의 입장에서는 집중해서 듣는 능력을 발휘해 이해도를 높일 수 있는 행동이다. 듣기는 말하는 이의 사기를 높여주고 듣는 이의 이해력과 지적 능력을 확장시켜 준다. 잘 듣는다는 것은 결국 타인과 자신에게 모두 이로운 능력이다.

잘 듣는 아이에게 선생님의 눈길과 애정이 가는 건 자연스러운 일이다. 선생님은 자신을 존중하는 학생에게서 기쁨을 느끼고, 아이는 집중하는 만큼 수업 내용을 잘 이해할 수 있어서 이해도도 높아진다. 게다가 선생님에게 사랑받으니 자존감이 높아지고 이는 공부 정서로도 이어진다. 교실에서의 듣기는 아이의 공부로 이어지고 듣는 능력은 아이의 성적과 직결되는 것이다.

교실에서 듣는 아이, 안 듣는 아이

읽기, 쓰기에 대해서는 유아 시기부터 부모가 많은 관심을 보이지만 듣기에 대한 관심은 상대적으로 낮다. 굳이 노력하지 않아도 완성되는 능력이라고 생각하기 때문이다. 하지만 들리는 소리를 듣는 것과 선택해서 듣는 것에는 차이가 있다. 선택적인 듣기는 집중력을 필요로 하며 저절로 발달하지 않는다. 감각이 아니라 능력인 것이다. 평소 산만하거나 덜렁거린다는 이야기를 듣는 아이의 행동을 살펴보면 필요한 소리보다 쓸데없는 소리에 신경

쓰느라 중요한 내용을 듣지 못하는 것을 알 수 있다.

교사의 눈에 경청하는 아이가 잘 들어오는 이유는 듣기에 집중하는 것이 어렵기 때문이다. 초등학교 수업 시간, 선생님의 말을 듣지 않고 딴짓하는 아이는 세 명 중 한 명꼴이고 딴짓 대신 멍하니 딴생각을 하는 아이도 셋 중 하나란다. 나머지 아이 중 일단 들리는 대로 듣는 아이와 크고 작은 소음의 방해를 이기지 못하는 아이까지 제외하면 몰입해서 수업을 듣는 아이는 생각보다 적다.

말하기와 듣기, 읽기와 쓰기는 학습이라는 구조물을 받치는 네 개의 기둥이다. 그 가운데 현행 교실의 주요 수업 방식인 '듣기'는 아이의 학습을 좌우하는 능력이다. 집중력을 필요로 하며 타이밍이 매우 중요하기 때문이다. 읽기는 반복이 가능하지만 듣기는 실시간이다. 놓치면 못 듣는다. 수업 중 잠시 딴생각만 해도 진도를 놓친 경험은 누구나 있을 것이다.

특히 초등학교 저학년 수업은 듣지 않으면 따라갈 수 없다. 바꿔 말하면 저학년에는 수업 시간에 잘 듣기만 해도 공부를 잘할 수 있다. 초등학교에 입학한 아이를 붙잡고 부모가 당부하는 말이 있지 않은가.

"선생님 말씀 잘 들어."

그 시기에는 듣는 것이 학습의 큰 부분을 차지하며, 제대로 듣고 이해하면 지적 호기심으로 연결되기 때문이다. 초등학교 저학년 교실에서 질문을 잘하는 아이는 말을 잘하는 아이라기보다 잘듣는 아이에 가깝다. 듣고 이해한 것을 질문으로 확인하는 것이다. 아이의 듣기력은 초등학생 시절 갖출 가장 기초적인 학습 능력이고 이는 아이의 학습과 성적을 이끈다. 이제 아이의 듣기력을 높이도록 도와주어야 할 이유가 확실해졌다.

초등 저학년, 수업의 9할은 듣기다

예전에 비하면 다양한 형태의 수업이 이루어지지만 아이들이 선생님을 바라보고 앉는 교실 풍경은 여전하다. 특히 초등학교 저학년 교실은 선생님은 설명하고 아이들은 듣는 방식으로 진행하는 비중이 높다. 읽기와 쓰기, 모둠 활동도 있지만 배움의 큰 틀은 여전히 듣기다. 듣기 능력이 부족한 아이는 1차적 배움인 현행 학습을 놓칠 수밖에 없다.

초등학교 교실에서 수업을 잘 따라가는 아이들 중에는 듣는 능력이 뛰어난 경우가 많다. 듣기에 가장 큰 영향을 미치는 것은 집중력인데 이를 바탕으로 이해력, 기억력, 사고력, 공감력, 대인관계력 등이 발달하기 때문이다. 평소 아이의 듣기 능력을 키워주기 위해 부모가 해줄 수 있는 일은 다음과 같다.

아이의 말을 잘 들어준다

먼저 부모가 아이의 말을 잘 들어주는 것이 중요하다. 아무리 사소한 말이나 행동도 잘 들어주고 반응을 보이면 아이는 저절로 부모의 말에 귀를 기울인다. 아이의 말을 흘려듣거나 적절한 피드백도 없이 "뭐라고? 잘 말해야 알아듣지!"라고 말한다면 아이는 더 이상 부모의 말에 귀 기울이지 않을 것이다. 아이의 말을 들어준 뒤에는 부모가 제대로 이해했는지 확인하는 것도 좋다. "저녁 먹고 내일 준비물을 챙긴다는 말이지? 그래, 그렇게 하자." 이런 과정을 거치면 원활한 소통이 가능하고 자칫 오해가 생길 일도 없다.

아이에게 자주 말을 건넨다

듣는 것도 반복하면 습관이 된다. 사실 아이의 듣기 훈련은 엄마 배 속에 있을 때부터 꾸준히 이어져 왔다. 말하기와 듣기, 읽기와 쓰기 중에서 가장 빠르게 학습해 온 경험이다. 그럼에도 집중하지 않으면 어느새 흘려듣게 되는, 쉬운 만큼 어려운 능력이기도 하다. 아이가 상대의 말에 몰입할 수 있도록 자주 말을 건네자. 규칙적으로 아이와 대화하는 시간을 갖고 듣는 연습을 반복하는 것이다. 특히 잠들기 전, 아이의 뇌가 긴장을 풀기 시작할 때 책을 읽어주거나 자장가를 불러주는 것도 좋다. 이때 아이가 받아들인 정보는 뇌 깊숙이 남아 오랜 시간 기억에 남는다.

아이가 알아들을 수 있게 말한다

이제 막 영어 공부를 시작한 사람에게 원어민이 사용하는 고급 어휘를 사용하거나 빠른 속도로 말하면 무슨 말인지 알아듣지 못한다. 아이가 알아들을 수 없게 말해 놓고 아이의 듣기 능력을 무시하거나 아쉬워하면 아이는 부모가 말한 대로 말귀도 못 알아듣는 아이가 된다. 아이의 듣기 능력을 탓하기 전에 아이가 잘 알아듣고 이해할 수 있도록 제대로 말하자. 상황에 맞지 않는 의미 없는 말이나 아이가 이해할 수 없는 어려운 말을 계속해서 하면 아이는 어느 순간 듣지 않는다. 어휘의 난이도뿐 아니라 말의 빠르기와 억양, 목소리의 크기 등 모든 것을 알아들을 수 있게 아이의 수준에 맞춰야 한다.

일관성 있게 말한다

같은 상황에서 그때그때 다른 말을 하는 일관성 없는 부모의 말은 아이에게 와닿지 않는다. 아이는 혼란을 느낄 것이고 점점 부모의 말을 귀담아듣지 않을 것이다. 듣는다는 것은 깨닫고 이해하는 과정을 거쳐야 비로소 완성된다. 따라서 부모의 기분에 따라 달라지는 말이 아니라 일관성 있는 말이 중요하다.

학교에서 듣기력을 키우는 방법

듣기의 즐거움과 유익함을 경험할수록 아이의 듣기력은 높아진다. 학교에 입학한 아이는 듣기력의 상당 부분을 교실에서 체험한다. 아이의 듣기력을 발전시키기 위해 학교에서 배운 것을 부모에게 설명하거나 가르쳐달라고 요청해 보자.

"오늘 학교 다녀와서 1교시 과목(수업) 아빠한테 가르쳐 줄래(설명해 줄래)?"

"좋았어", "재밌었어", "쉬웠어" 같은 단편적인 감상이 아니라 수업 내용을 전해 달라고 말하는 것이다. 아직은 집중할 수 있는 시간이 부족한 나이인 만큼 전체 수업의 설명을 요구하는 것은 아이에게 부담이 크다. 아이가 가장 좋아하는 과목을 하나 정하거나 특정 교시의 수업을 선택해 가르쳐 달라고 요청하자.

부모는 단순히 아이의 설명을 듣기만 할 것이 아니라 아이가 학교에서 돌아오기 전에 그 과목에 대해 미리 살펴보고 공부해 두면 좋다. 그러면 아이가 설명하다가 막혔을 때 도움을 주거나 적절한 질문을 해서 위기를 유연하게 넘길 수 있다. 일종의 스트로크stroke(반응, 격려)인 셈이다. 스트로크에는 언어적 스트로크, 비언어적 스트로크 등이 있다. 여기에는 긍정적 스트로크, 부정적 스트로크, 조건적 스트로크, 무조건적 스트로크가 있다. 아이가 헷갈리거나 모르는 부분에 대해 긍정 스트로크를 날려주면 아이가 들은 내용을 기억해 내기 쉽다.

"우리, 책에서 찾아볼까?"

"아빠도 예전에 학교에서 배웠는데 이런 내용인 것 같아."

부모가 수업 내용에 대해 알고 있거나 관심 있는 태도로 아이의 말을 들어주면 좀 더 잘 듣고 와야겠다는 생각도 한다. 자신의 이야기를 잘 들어주는 부모에게 더 멋지게 가르쳐주고 싶다는 도전정신이 생기는 것이다.

결과적으로 이 과정은 아이의 공부에 매우 큰 효과를 가져오는데 정리하면 다음과 같다.

첫째, 듣기력을 키워준다.

둘째, 자신이 들은 것을 말하면서 내용을 다시 한번 정리해서 확실히 이해할 수 있고 복습 효과도 있다.

셋째, 설명하다 막히거나 헷갈리는 내용을 복기하면서 무엇을 더 알아야 하는지 깨닫는다.

넷째, 부모는 아이의 설명을 듣고 수업 진도를 확인할 수 있다.

아이가 수업 내용을 설명하는 데 어느 정도 익숙해졌다면 이번에는 새로운 미션을 준다.

"오늘 2교시에 들은 내용을 메모해서 설명해 줄래?"

이제까지는 잘 듣기만 하면 됐지만 중요한 내용을 적는다는 과정이 추가되었다. 듣기 - 쓰기라는 2단계 과정이 듣기 - 이해하기 - 정리하기 - 쓰기라는 4단계로 늘어났다. 더 높은 집중력과 듣기력을 요구하는 것이다. 아이에게는 쉽지 않은 도전이겠지만 분명히 효과는 있다. 아이가 설명하다 헷갈리거나 말문이 막힌다면 "네가 쓴 메모를 살펴봐"라고 말해 주면 된다. '메모'라는 과정 하나만 추가되었지만 아이는 듣기력, 이해력, 판단력, 정리력, 쓰기력, 말하는 방법까지 다양한 공부 기술을 획득할 수 있다.

한 번 주의 깊게 들은 아이는 열 번 대충 들은 아이보다 더 많이, 더 오래 기억한다. 중학교 이후의 성적을 좌우하는 것은 오랫

동안 책상에 앉아 있는 엉덩이의 힘, 즉 엉덩력이다. 하지만 엉덩력의 근원인 집중력은 초등학교 시기부터 다져온 듣기력이 바탕이 될 때 가능하다.

(Tip) 듣기 능력을 기르는 5가지

1. 아이와 끝말잇기 게임하기
2. 문장 이어 말하기 놀이
3. 가족 간 대화 시간 늘리기
4. "네 생각은 어때?"라고 물어보기
5. 한 과목을 정해 그날 수업 내용을 설명해 달라고 하기

3

아이의 어휘력

소설가 박완서 선생의 소설은 우리말의 보고寶庫라는 찬사를 받는다. 글을 잘 쓰고 어휘가 풍부한 데는 여러 영향이 있겠지만, 그는 자신의 어휘력이 어린 시절 가정교육 덕분이라고 했다.

아이에게 가정은 세상을 볼 수 있는 창이고, 책에서 배우지 못하는 어휘까지 듣고 배울 수 있는 감성의 원천이자 산지식의 현장이다. 책을 읽거나 글을 쓰면서 어휘력이 향상되기도 하지만 아이는 부모의 말을 통해 다양한 표현을 익히고 지식을 습득하며 어휘력을 확장해 나간다.

예전에는 '격대교육'이라고 해서 아이가 조부모와 함께 생활하며 공부하는 경우가 많았다. 어린아이는 조부모로부터 고전을 배우거나 옛이야기를 들으며 시간을 보내곤 했다. 할머니의 무릎을 베고 누워 옛이야기를 듣는 일명 '무릎 교육'이다. 이것만으로도 아이는 충분한 기초 학습과 어휘력을 습득할 수 있었다. 특히 사자성어와 속담, 비유 등의 관용구는 아이들이 쉽게 접하기 어려운데 조부모와 함께 시간을 보내면서 아이의 어휘 창고가 차곡차곡 채워졌던 것이다. 이때 습득한 풍부한 어휘력은 문해력으로도 연결된다.

조부모가 전해주는 교육은 학습 능력뿐 아니라 정서와 인성에도 많은 영향을 준다. 버락 오바마 대통령은 "내가 편견 없이 자랄 수 있었던 것은 (외)할머니 덕분이었다"라고 말했다. 빌 게이츠는 "할머니와의 대화와 독서가 나를 만들었다"라고 밝혔고, 오프라 윈프리는 "논리적으로 말하는 나의 재능은 할머니에게서 배웠다"라고 말했다.

그런데 지금은 조부모와 함께하는 양육 환경이 많이 줄어들었다. 이제는 엄마 아빠가 최고 어른인 형태의 가정에서 자라는 아이가 대부분이다. 게다가 요즘에는 부모가 아이와 대화할 때 오히려 아이들의 말을 따라 한다. 문자나 SNS에서는 누가 부모이고 아이인지 구분하기 힘들 정도로 약어와 은어들이 오간다. 자녀와의 교감과 소통을 위한 노력이라는 의미에서는 좋은 현상이지만 경계해야 할 일이기도 하다. 아이는 부모에게서 언어의 '감'을 익힌다. 매일 듣고 사용한 언어가 아이의 어휘력을 좌우한다. 그런데 부모가 아이의 언어를 사용한다면 어떻게 될까? 그만큼 아이의 어휘력 범위가 확장될 수 없다. 부모는 아이의 말을 알아듣는 것과 동시에 부모의 풍부한 어휘를 들려주어야 한다.

부모의 언어를 들려주자

"엄마, 지후 알지? 걔 오늘 대박이었잖아."

"왜 무슨 일 있었어?"

"응, 체육 시간에 뜀틀 뛰기 하다가 바지 터져서 애들 다 빵 터졌어."

"어머, 어떡해. 다치진 않았고?"

"어, 다친 덴 없고 그냥 바지만 완전 찢어졌어. 우리 반 애들 다 웃느라 정신없어서 수업도 제대로 못했어."

"얘기 들으니까 엄마 학교 다닐 때 체육 선생님이 넓이뛰기 시범 보여주다가 바지 터졌던 일 생각난다. 그때 엄마랑 친구들도 운동장에서 배 붙잡고 떼굴떼굴 구르면서 웃었는데."

"푸하하, 그게 뭐야. 어떻게 떼굴떼굴 구르면서 웃어. 엄마 너무 오버하는 거 아냐."

"진짜야, 포복절도抱腹絕倒 라는 말이 있거든."

"그게 뭐야?"

"너무 웃겨서 배를 안고 넘어질 정도로 엄청 웃는다는 뜻의 사자성어야. 얘 친구들도 있는데. 그것도 알려줄까?"

"사자성어가 친구도 있어?"

"그럼. 포복절도, 요절복통腰折腹痛, 파안대소破顏大笑, 박장대소拍掌大笑. 이렇게 4총사야. 요절복통은 허리가 끊어지고 배가 아플 만큼 웃는 거고, 파안대소는 얼굴이 찢어질 만큼 크게 웃는다는 뜻이야. 마지막 박장대소는 뭐게? 이건 네가 웃을 때 자주 보여주는 모습인데."

"내가? 뭐지. 내가 어떻게 웃지? 뭐야, 궁금해."

"박장대소는 손뼉을 치면서 크게 웃는 거야. 우리 딸, 엄마랑 유튜브 볼 때 자주 '대박!' 이러면서 박수치고 웃잖아. 그게 박장대소야."

"그럼 오늘 지후 보면서 반 애들이 웃은 건 요절복통이겠다. 애들이랑 하도 웃어서 배 아프다고 그랬거든. 사자성어가 정말 정말 재밌다."

"엄마도 너랑 사자성어 얘기하니까 재미있고 기분 좋다. 다음에 또 재미있는 사자성어나 속담 생각나면 말해 줄게."

아이와 엄마는 각자의 언어로 이야기하고 있다. 하지만 대화는 물 흐르듯 자연스럽다. 서로의 이야기를 잘 들어주며 대화를 이어가고 있으며, 아이가 사자성어에 관심을 보이기도 한다. 아이는 엄마와의 대화를 통해 재미있게 새로운 지식을 습득한 것이다.

간혹 아이를 배려한다는 마음에 부모가 일부러 어휘 수준을 낮춰 말하는 경우가 있다. 그럴 필요 없다. 아이에게 언어는 다소 어렵게 느껴지는 말이라도 감으로 익히는 부분도 크다. 이런 경험이 쌓이면 자연스럽게 상황에 맞는 문장과 적절한 단어를 사용할 수 있게 된다. 이는 맞춤법이나 받아쓰기로 해결할 수 있는 실력이 아니다. 그보다는 일상에서 축적된 감에서 더 많은 영향을 받는다. 이것이 언어 감각이다. 그러니 아이와의 대화에서 부모의 언어를 가능한 많이 들려주자. 유년기에 들었던 어휘가 일평생 사용한 언어의 보고가 되었다는 박완서 선생처럼 아이의 문장력과 어휘력을 키워줄 수 있다.

어휘력이 없으면 수학이 어렵다?

어느 학생이 '안에서 새는 바가지 밖에서도 샌다'라는 속담에 "근데 플라스틱이 왜 새요?"라고 물었다는 이야기를 들은 적 있다. 우스갯소리로 넘겼지만 속담의 뜻을 이해하기는커녕 플라스틱 바가지를 떠올리며 맥락을 잡지 못하는 아이들이 의외로 많다. 이런 관용구는 앞으로 아이가 교과서뿐 아니라 다양한 책과 일상에서 수도 없이 만날 문장이다. 그런데 좀처럼 이런 표현을 경험할 일이 없는 요즘 아이들에게는 난해하고 복잡한 말장난처럼 여겨질 뿐이다.

어려서부터 한국말을 들으며 한글을 읽고 써온 아이들은 어휘력의 한계를 심각하게 받아들이지 않는다. 한글만 알아도 국어는 최소한의 기본 점수가 보장된다고 생각하는 까닭이다. 하지만 어휘력은 벼락치기로 공부한다고 실력이 늘지 않는다. 학년이 올라갈수록 어휘력으로 인해 국어 점수가 제자리걸음만 하는 아이가 많은 것도 이 때문이다.

그런데 교사들은 국어 실력, 어휘력이야말로 아이들의 공부에 결정적인 역할을 한다고 입을 모아 말한다. 일반적으로 성적의 중위권과 상위권을 구분하는 과목은 영어와 수학이다. 그렇다면 국어는 어떨까? 국어는 상위권과 최상위권을 구분하는 과목이다. 영어와 수학을 잘하는 상위권 학생 중에서도 국어를 잘하는 아이가 최상위권을 차지한다는 것이다.

이런 결과가 나올 수밖에 없는 것이 수학을 잘하려면 먼저 국어를 잘해야 한다는 전제가 깔려있기 때문이다. 부모 세대의 수학은 숫자와 기호 위주의 문제로 연산만 잘하면 문제를 푸는 데 큰 어려움이 없었다. 하지만 지금은 문해력이 뒷받침되지 않으면 문제를 이해하기도 힘들다. 동화나 속담의 내용을 접목한 수학 문제는 독해력 없이 풀 수 없다. 비단 수학뿐 아니라 어떤 과목이든 문장을 이해하지 못하면 문제를 풀 수 없다. 결국 어휘력이 없으면 독해력과 문해력이 부족하고 성적이 흔들린다. 문제는 어휘력은 단번에 실력이 늘어나는 영역이 아니며 평소 생활환경과 부모와의 일상 대화에서 영향을 받으며 꾸준히 영역을 확장해 나가는 능력이라는 것이다.

부모는 아이의 어휘 사전이다

〈조 블랙의 사랑〉이라는 영화에는 '세리'와 '저승사자'라는 말이 나온다. 세리稅吏는 세금을 징수하는 사람을 지칭하며, 많은 돈을 거두어들이는 세리를 저승사자에 빗댄 것이다. 이 단어를 단번에 정확히 이해하려면 먼저 세리라는 단어의 뜻을 알아야 하고, 저승사자에 비유하는 관용적 표현을 이해해야 한다. 더불어 영화의 배경이 되는 미국의 세금 제도에 관한 지식도 필요하다. 어휘력과 관용적 표현을 모른다면 영화의 흐름을 놓치게 된다.

영화나 책을 볼 때 배경이 되는 나라와 시대의 고유 표현이나 어휘를 잘 모르면 그 내용을 온전하게 이해할 수 없다. 앞으로 아이가 독서나 영화 같은 문화생활을 풍요롭게 만끽하려면 먼저 아이의 언어 세계를 풍부하게 채워줘야 한다. 이 역시 부모의 말을 들려주어야 하는 이유다.

아이의 어휘력을 키워주고 싶다면 잠자리 시간을 활용하자. 잠들기 전 아이와 독서 시간을 가지며 부모 세대의 동요를 들려주거나 전래동화를 읽어주는 것이다. 예를 들어 〈기찻길 옆 오막살이〉라는 동요를 불러주면 아이는 '오막살이'를 궁금해할 것이다. 그럼 초가집을 떠올리게 하면서 자연스레 오막살이의 분위기를 들려준다. 오두막처럼 작고 초라한 집, 초가집 중에서도 볼품없는 집이 오막살이다. 이런 언어 확장은 점점 수준 높은 가곡이나 고전소설을 이해할 기초를 마련해 준다. 부모의 언어를 체득한 아이는 다음과 같은 효과를 얻을 수 있다.

- 어휘력이 확장된다.
- 세대 공감에 도움이 된다.
- 문화를 전반적으로 이해할 수 있다.
- 소설, 시, 동요, 지문을 쉽게 이해하며 독서력이 높아진다.
- 수학, 과학, 사회 등 다른 과목의 문제 풀이에 도움이 된다.

어휘력을 키우겠다며 갑자기 아이를 앉혀놓고 사전을 찾으며 의태어나 의성어를 알려주고, 속담을 들려주며 관용적 표현을 가르쳐준다고 실력이 나아지지 않는다. 그보다는 평소 노래나 책, 영화, 영상 등을 활용해 부모의 이야기를 해준다면 그 안에서 자연스럽게 재미있고 유익한 공부 시간이 된다. 부모는 아이의 어휘 사전이다. 사전 속 내용을 일상에서 자연스럽게 들려주는 게 부모의 말이다. 언어의 보물창고와 같은 부모의 말은 아이의 자산이 될 것이다.

4

아이의 메타인지력

메타인지란 '초월'이라는 뜻의 메타meta와 인지認知를 합친 말로 '자신의 생각과 앎에 관해 아는 능력'을 말한다. 내가 생각한 답이 맞는지, 책의 내용을 정확히 알고 있는지, 내가 이 문제를 풀 수 있을지, 오늘 안으로 숙제를 끝낼 수 있을지와 같은 질문에 대답할 때 메타인지를 가장 많이 사용한다. 또한 자신의 생각이나 판단, 기억력 등이 옳은지 확인하고 결정을 내릴 때도 메타인지 능력을 발휘한다. 쉽게 말하면 아는지 모르는지를 스스로 판단하는 능력이라 할 수 있다.

메타인지는 1970년대 발달심리학자인 존 플라벨John Flavel이 만든 용어이지만 오래전부터 중요하게 여겨온 개념이기도 하다.

《논어》에는 이런 문장이 나온다.

"아는 것을 안다고 하고 모르는 것을 모른다고 하는 것, 그것이 곧 앎이다知之爲知之不知爲不知 是知也."

소크라테스는 이런 말을 남겼다.

"너 자신을 알라."

학문의 깊이가 뛰어난 두 성현 모두 일찍이 메타인지를 강조한 것이다.

아이의 학습에서 메타인지가 중요한 이유는 단순히 아느냐, 모르느냐를 자각하기만 하는 것이 아니다. 그다음 행동에 따라 아이의 학습 과정과 지적 세계가 확장될 가능성이 열린다는 데 있다. 자신이 알고 있는 것을 깨달았다면 적절한 시기에 적절한 도전을 함으로써 학습 속도를 높일 수 있다.

예를 들어 구구단을 뗀 아이가 '나는 두 자릿수 곱셈을 할 수 있는가'를 스스로 판단하고 도전해 보는 것이다. 성공한 다음에는 세 자릿수 곱셈을 시도하고 나눗셈에 도전할 것이다. 반대로 모른다는 사실을 깨달으면 깨끗하게 인정하고 다시 제대로 배운다. 나에게 부족한 것이 구구단을 완벽하게 이해하지 못해서인지, 곱셈은 잘해 놓고 덧셈 과정에서 실수하는 것인지를 스스로 판단하는 데 메타인지를 사용한다. 따라서 메타인지력이 높은 아이는 자신의 능력과 한계를 정확히 파악해 공부에 들이는 시간과 노력을 적절히 활용할 수 있어 효율성 높은 학습이 가능하다.

메타인지가 부족한 아이는 제대로 알지 못하면서 알고 있다고 착각해 겉핥기 방식으로 공부하고 다 안다며 다음 진도로 넘어가 버린다. 군데군데 비워둔 채 쌓은 지식은 어느 순간 와르르 무너지는 모래성과 같다. 결국 지식을 자신의 것으로 만들지 못한 채 포기하기 쉽다. 메타인지 능력은 성장하면서 자연스럽게 향상되지만 부모의 양육방식을 통해 얼마든지 더 발전할 수 있다.

학습 활동의 성공과 실패를 가르는 메타인지

메타인지는 자신의 앎을 바라보는 능력이다. 이는 '내가 아는 것이 제대로 알고 있는 것인가?'에 의문을 품고 '무엇을 모르고 있는가?'를 깨닫는 순간 발휘된다. 어떤 방법으로 모르는 것을 알아가야 할지를 주도적으로 계획하고 실천할 수도 있다. 그러므로 메타인지력을 키우면 자기주도 학습 능력이 향상되고 성적도 오르는 시너지 효과를 얻는다. 다음의 두 아이 이야기를 살펴보자.

지민이와 주영이는 교과학습 활동을 위해 도서실에 갔다. 책을 읽고 선생님이 내준 문제를 해결할 방법을 써내는 활동이다. 두 아이의 학습 활동은 사뭇 달랐다.

지민이는 먼저 주어진 시간을 확인했다.

'지금 시간이 9시 30분이고, 활동지는 11시 30분까지 제출하라고 했으니 두 시간이 있구나.'

이어서 책 고르는 시간, 읽는 시간, 쓰는 시간을 나눴다.

'9시 40분까지 책을 고르자. 그리고 11시까지 책을 읽고 내용을 정리할 수 있을 거야. 남은 30분은 활동지를 쓰면 시간이 딱 맞겠다.'

지민이는 주어진 시간에 맞춰 계획대로 움직였고 무사히 활동을 마쳤다.

주영이는 어땠을까? 책을 좋아하는 주영이는 시간 가는 줄도 모르고 책에 몰입했다. 그때 선생님의 목소리가 들렸다.

"활동지 제출까지 10분 남았어요."

깜짝 놀란 주영이는 허겁지겁 활동지를 채우기 시작했지만 결국 끝내지 못했다. 다급한 목소리로 "선생님, 시간이 부족해서 다 못 썼어요. 10분만 더 주세요"라고 말했다. 주영이는 울고만 싶었다.

두 아이의 학습 활동의 성공과 실패를 가른 것은 메타인지다. 지민이는 과제를 보고 자신이 할 수 있는 범위 내에서 시간과 방법을 조정했다. 특히 책 고르기 - 읽기 - 쓰기 시간을 배정하는 과정에서 메타인지력을 발휘하기 위해 스스로에게 물었다.

'오늘 활동 시간은 얼마나 되지?'

'책 고르는 시간은 몇 분이면 될까?'

'내용을 읽는 데 얼마나 필요하지?'

'활동지를 쓰는 데 걸리는 시간은?'

'그럼 시간을 어떻게 배분해야 할까?'

공부 강점은 활용하고, 약점은 보완하는 방법

지민이의 모습에서 알 수 있듯이 메타인지는 자신의 능력을 아는 것뿐 아니라, 그 능력을 각 활동에 맞게 대입하고 실천하는 것까지 포함한다. 메타인지력이 뛰어난 아이는 스스로 모든 과정을 돌아본 뒤 활동을 마무리한다. 무엇을 잘했고, 어떤 점이 부족했는지, 계획한 대로 실행했는지, 예상과 달랐다면 그 이유는 무엇인지도 평가한다.

주영이가 주어진 시간 안에 활동을 마치지 못한 것은 지민이보다 읽고 쓰는 능력이 부족해서가 아니다. 메타인지력을 제대로 발휘하지 못했기 때문이다. 비록 활동은 성공적으로 마치지 못했지만 주영이의 메타인지가 제대로 작동한다면 앞으로는 같은 실수를 하지 않을 것이다.

'오늘은 왜 활동지를 다 쓰지 못한 거지? 읽고 싶은 책이 너무 많아서 고르는 데 시간이 오래 걸린 것 같아. 그리고 시간 안에 읽기에는 너무 두꺼운 책을 골랐어. 다음에는 책을 고르는 시간을 잘 나눠 쓰고 한 시간 안에 읽을 수 있는 책을 골라야겠어.'

이런 생각을 하며 자신이 몰랐던 것을 깨닫고 보완할 방법을 찾아나가기 때문이다. 그렇지 않은 아이라면 "시간이 너무 짧아요", "다른 애가 내가 읽을 책을 먼저 가져가서 책이 없어서 그랬어요" 같은 핑계를 대느라 시간만 낭비하고 발전도 없다.

스스로 계획하고 실행한 결과가 좋으면 아이는 새로운 것에 도전할 용기를 보인다. 해내면 또 하고 싶고, 해내지 못하면 기죽고 좌절하는 것이 아이의 특징이다. 어린아이일수록 자신이 해낸 결과로 스스로를 평가한다. 해내지 못하면 '난 못하는 사람이야'가 되고 해내면 '나는 잘하는 사람이야'가 된다. 메타인지력은 원하는 결과를 이끌어내기도 하지만 실패했을 때는 원인을 찾아 개선하도록 도와주기도 한다. 실수를 통해 배운 것을 더 잘 기억하는 것이다.

이런 과정이 초등 저학년부터 차곡차곡 쌓이면 아이는 자신을 객관적으로 바라보고 문제 해결 방법을 찾아 나서는 뛰어난 조망 능력을 갖추게 된다. 아이가 공부의 주인이 되어 학습 목표를 정하고 공부 방식을 계획해 실행하고 평가할 수 있으니 자연히 자기 주도 학습 능력도 올라간다. 이 능력은 아이가 자신의 공부 강점을 충분히 활용하고 공부 약점은 보완하는 방식으로 학습 목표를 세우는 데 도움을 주므로 학년이 올라갈수록, 학습 수준이 높아질수록 빛을 발한다.

많은 사람이 메타인지를 공부 잘하는 방법 정도로만 알고 있다. 메타인지가 효율적으로 공부하고 성적을 올리는 데 밀접한 관련이 있기 때문이다. 하지만 메타인지는 학습 능력뿐 아니라 포기하거나 좌절하지 않고 부족한 부분을 채우려는 내면의 힘을 길러준다. 그러므로 우리 삶에서 반드시 갖춰야 할 능력이다.

상위 0.1%의 비밀

효율적으로 학습하고, 공부의 재미를 알게 하는 메타인지력을 키우는 방법은 거창한 목표와 달리 쉽고도 단순하다. 아이에게 '설명하고 가르칠 기회'를 주는 것이다. 아이가 선생님 역할을 맡아 공부한 내용이나 개념, 풀이 과정 등 알고 있는 것을 부모에게 설명할 기회를 가져보자.

누군가에게 설명하고 가르치기 위해서는 아이 스스로 제대로 알고 있는 것과 그렇지 못한 것을 인지하게 된다. 그리고 설명할 수 없는 부분은 완벽히 이해할 수 있을 때까지 스스로 공부한다. 또한 설명하는 도중 헷갈리거나 말문이 막힌다면 자신이 모르는 것이 무엇인지 깨닫고(인지) 부족한 지식을 채우겠다고 다짐한다. 설명하고 가르치는 일은 자신의 지식을 객관화해 메타인지를 자극하고 훈련하는 과정인 셈이다.

EBS에서 방영한 다큐멘터리 〈0.1%의 비밀〉은 전국 석차 상위 0.1% 안에 들어가는 공부 잘하는 아이들의 생활을 집중적으로 다뤘다. 그중에서도 이 학생들과 일반 학생의 능력을 비교하는 내용이 꽤 흥미로웠다. 두 집단은 큰 차이가 없었다. 다만 한 영역에서만 상위 0.1%의 아이들이 월등함을 나타냈다. 바로 메타인지력이다. 이를 확인하기 위해 실험을 했다. 상위 0.1% 학생과 일반 학생으로 그룹을 나눠 이들에게 연관성이 없는 25개의 단어를 짧은 시간 보여주었다. 그리고 몇 개를 기억해 낼 수 있을지 물어보았다. 그 결과 상위 0.1% 학생들은 자신이 예측한 숫자대로 단어를 기억해 냈다. 반면 일반 학생들은 예측한 숫자와 실제로 기억한 숫자에 차이가 있었다. 이 두 그룹의 차이는 기억력 자체의 차이가 아니라 '내가 얼마만큼 할 수 있는가'를 아는 능력, 즉 메타인지력의 차이다.

상위 0.1% 아이들에게는 또 다른 공통점이 있었는데 가르치는 것(설명하는 것)을 좋아한다는 것이었다. 자습한 내용을 화이트보드에 써가며 부모에게 설명하거나 야간 자율학습 시간에 친구가 모르는 문제를 알려주는 것이다. 그들은 다른 사람에게 설명해주면 시험 볼 때 그 내용이 떠오르기도 하고, 스스로 안다고 생각해서 그냥 지나쳤던 문제가 알고 보니 잘 모르는 것이었음을 발견하기도 한다며 설명하는 공부법이 많은 도움이 된다고 말했다.

학습 행위에서 듣는 것은 수동적 위치에, 설명하는 것은 능동적 위치에 있는 것이다. 자신의 위치가 능동적일수록 빠르게 판단하고 선택하면서 메타인지를 활성화시킬 수 있다. 인지심리학자들의 말에 따르면 아이는 공부한 것을 설명하는 과정에서 메타인지의 핵심을 깨닫는다고 한다. '내가 확실히 알고(모르고) 있구나'라고 말이다. 그러니 아이의 메타인지 향상을 위해 다음과 같은 질문을 던지자.

"숙제하는 데 시간이 얼마나 걸릴 것 같아?"

"좀 전에 푼 문제, 엄마한테 설명해 줄래?"

"네가 선생님이 되어 이 문제를 아빠에게 가르쳐주겠니?"

"어떻게 알 수 있을까?"

"또 다른 방법이 있을까?"

"비슷한 문제를 만들어볼까?

평범한 말이지만 얼마든지 아이의 메타인지를 높여준다. 스스로 학습 목표를 정하고 공부 방식을 계획해서 실행하며 남에게 가르치는 방법으로 자신이 잘 알고 있는지를 확인할 수 있기 때문이다. 선생님 놀이처럼 공부에 접근해 아이가 재미있게 설명하도록 유도하자. 이때 중요한 건 아이가 설명할 수 있고, 가르쳐줄 수 있는 문제여야 한다. 우리의 목적은 아이를 곤경에 빠뜨리는 것이 아니라 메타인지를 활성화하는 것이다. 지식을 설명하는 과정에서 아이는 자신이 확실히 알고 있다는 기쁨을 느끼고, 이는 '공부는 재미있다!'라는 설렘으로 이어진다.

만일 아이가 가르쳐주는 도중에 막히거나 모르는 부분이 명확해지면 이런 질문이 필요하다.

"어떻게 알 수 있을까?"

이 질문은 '모르는 것은 찾아보고 공부한다'라는 사실을 일깨

위준다. 만일 아이가 틀리는 것을 싫어하거나 실패를 처리하지 못해 예민하게 반응한다면 이 부분을 먼저 고쳐나가며 메타인지력을 키워줘야 한다. 메타인지는 실패를 경험해 보기도 하고 다양한 시도를 통해서 모르는 것을 알게 되는 과정에서 얻는 기능이기 때문이다.

Tip) **메타인지를 키우는 방법**

1. 공부해야 할 것을 확실하게 깨닫기
2. 적절한 시간 분배하기
3. 계획한 대로 실행하기
4. 실행 결과 확인하기
5. 잘한 점과 부족한 점 파악하기

5
아이의 문제해결력

80억 명에 가까운 세계 인구 중 유대인은 2천만 명도 되지 않는다. 그런데 노벨상 수상자의 22%, 아이비리그 졸업생의 27%, 미국 경제 잡지 〈포춘〉이 선정한 세계 100대 기업 소유주의 40%, 미국 전체 소득의 15%를 차지한다는 통계가 있다. 전 세계의 정치, 경제, 과학, 예술, 언론, 수학 등 미래의 신경과도 같은 주요 분야에서 막대한 영향력을 행사하는 것 또한 유대인이다.

유대인은 '배움은 꿀처럼 달고 현명하게 공부하는 사람이 행복한 사람'이라고 가르친다. 이들이 세계에서 가장 똑똑한 민족, 세계에서 가장 부자가 많은 민족, 세계에서 가장 성공한 사람이 많은 민족이 된 비결은 '마 따 호쉐프Ma ata hoshev?'라는 한 마디다.

유대인 부모와 교사가 아이와 대화할 때 가장 많이 하는 이 말.

"네 생각은 어떠니?"

"네 생각은 무엇이니?"

짧고 단순한 이 질문은 무엇보다 부모가 아이를 동등한 인격체로 대하는 말이다. 그리고 아이들이 '왜?'와 '어떻게?'라는 궁금함에서 출발해 문제해결 방법을 찾아내도록 하는 말이기도 하다. 이 말은 생각의 범위를 제한하지 않고 아이가 자기 생각과 그것을 뒷받침하는 탄탄한 논리를 펼쳐가도록 돕는다. 부모는 아이가 주체적이고 능동적인 사고를 할 수 있도록 안내자와 조력자 역할을 하면 된다. 고작 질문 하나가 이렇게 큰 의미를 갖고 영향을 미친다니, 놀랍다.

공부의 시작은 질문이다

아이의 사고력 향상에는 부모의 질문이 중요하다. 이제 질문이 학습 능력을 높이는 데 효과적이라는 사실을 의심하는 사람은 없다. 그러다 보니 역효과가 생기기도 한다. 질문 공세로 아이를 힘들게 하는 부모도 있고 "물어보면 아이가 말을 안 해요"라는 고민

상담도 많다. 질문의 중요성은 알지만 질문하는 방식이 익숙하지 않아서 그렇다. 부모는 먼저 자신에게 질문해야 한다.

'질문이 왜 중요할까?'

'어떻게 질문해야 좋은 걸까?'

이런 자문자답의 과정을 거친 부모라면 아이의 학습과 성적에 좋은 영향을 미치는 질문을 할 수 있다. 여전히 질문에 대해 궁금하다면 이번 기회에 정리해 보자. '아이의 성적에 왜 질문이 중요할까?'에 대한 답도 나올 것이다.

첫째, 질문을 받은 아이가 답을 찾는 과정이 자기주도적이다.

자신이 알고 있는 지식과 경험, 생각을 머릿속에서 빠르게 꺼내 질문에 대한 답을 찾아 문제를 해결하려 한다. 아이가 자신만의 생각을 만드는 과정이다. 자신이 가진 모든 정보를 꺼내서 새롭게 퍼즐을 맞춰나가며 이제까지는 생각하지 못했던 답을 만들어내기도 한다. 아이는 질문으로 논리적인 생각의 프로세스를 만들고, 스스로 해답을 찾았다는 성취감은 공부의 즐거움으로 이어진다. 아이가 배움 자체를 즐기게 된다.

둘째, 질문은 기억력을 향상시킨다.

질문에 대한 답을 찾기 위해 두뇌는 역동적으로 움직인다. 최근의 학습은 단순한 문답법이나 일방향 전달이 아니라 주어진 상황을 파악하고 문제의 출제 의도를 이해한 다음 해답을 찾아 나가는 방식이다. 단순 암기가 아니라 아이가 생각하고 해결방법을 찾아야 한다. 질문을 통해 아이가 스스로 답을 찾는 과정을 거치면, 단순히 암기한 것보다 오래 기억될 수밖에 없다.

셋째, 질문을 통해 관계를 형성한다.

인간은 소통으로 관계를 맺고 사회성을 키운다. 질문을 받은 아이가 답을 찾는 과정은 다음 단계의 생각으로 나아가는 것을 넘어 질문자와 생각을 주고받는 소통으로 이어진다. 질문과 대답의 과정에서 양방향 학습의 시대에 알맞은 소통법을 발달시키는 것이다. 질문자와 답변자는 반드시 고정적이지는 않다. 답변자가 질문도 하고 반문도 할 수 있다. 고도의 사고능력을 계발하며 대화 매너도 익히는 계기가 된다.

스스로 생각하는 힘, 질문

하지만 '질문'이라는 말을 듣는 순간 가슴이 답답해진다는 부모도 있다. 질문에 대한 경험이 유쾌하지 않아서다.

"질문이요? 고문이라던데요?"

부모는 질문이 어렵고, 아이들은 질문이 고문이라고 한다. 자꾸 따지고 캐묻는 부모의 질문이 곤혹스러운 것이다. 질문은 하기도 어렵고 대답하기도 부담스러운 것이라는 편견을 아이에게 물려주면 안 된다. 요즘 아이들은 궁금한 것이 있으면 고민하기보다 인터넷에 검색해 손쉽게 답을 얻는다. 스스로 생각하는 힘을 기를 수 없는 환경에서 자라고 있다. 질문 부족은 사고력 부족을, 사고력 부족은 문제해결력 부족을 가져온다. 그러니 부모와 질문을 주고받는 일을 유익하고 즐거운 경험으로 만들어주어야 한다.

문제해결력을 키우고 창의력, 유연성을 길러준다는 질문이라면 어렵지 않을까? 이 또한 편견이다. 쉽고 부담스럽지 않은 질문거리가 곳곳에 널려 있다. 예를 들어보자. 3 + 1 = 4, 정도는 초등학교 입학 전 아이도 쉽게 알 정도로 우리의 교육열은 높다. 하지만 왜 3 + 1 = 4일까에 대해 질문한 적 있는가. 수학이라는 어려운 공부를 하면서도 즐겁고 유익한 질문을 할 수 있다.

부모 사탕이 3개 있어. 그런데 사람이 4명이 있는 거야. 몇 개가 더 필요할까?

아이 1개요.

부모 왜 1개가 더 필요다고 생각하니?

아이 사탕은 3개인데 사람이 1명이 더 있잖아요. 그러니까 1개가 더 필요한 거예요.

부모 그래, 그게 바로 3+1이야. 빼기로도 할 수 있겠네. 우리 예지가 해볼래?

아이 음, 4명이니까 4… 사탕은 3개니까 3이에요. 그러니까 사람은 4명인데 사탕은 3개니까 4-3=1이고, 사탕 1개가 부족한 거 맞죠?

왜, 라는 질문은 그동안 너무도 쉽고 당연하게 여겼던 정답에 대해 다시 생각해 보게 한다. 이것이 습관이 되면 개념이나 이치, 논리 등의 문제해결 영역에서도 아이의 사고를 확장시킨다.

이처럼 질문은 아이가 스스로 공부하고 생각하게 만드는 좋은 방법이다. 아이에게 던지는 질문만으로도 아이는 주체적이고 적극적인 모습을 보인다. 부모의 질문 하나에 하얀 도화지 같은 아이는 꼬리에 꼬리를 무는 생각을 하며 밑그림을 그리고 색을 칠한다. 그 순간 아이의 창의력과 문제해결 능력이 피어난다.

"네 생각은 어때?"라고 질문하며 아이에게 생각을 이끌어내는 것은 창의적이면서도 유연한 생각의 힘을 기르도록 한다. 생각하는 힘은 곧 문제해결 능력이기도 하다. 아이의 생각하는 힘이 자라면 문제해결력이 향상되고, 스스로 해결했다는 자부심은 공부의 즐거움으로 이어진다.

열린 질문하기

질문은 아이의 문제해결력과 창의력을 키워주지만 모든 질문이 그렇다는 건 아니다. 부모의 질문은 아이가 혼자 힘으로 생각을 펼쳐나갈 수 있도록 도와주는 역할을 해야 한다. 그런데 많은 부모가 아이에게 생각할 여지를 주지 않고 대화의 문을 막아버리는, 이른바 닫힌 질문을 던진다. 이것과 저것 중 하나만 골라야 하거나, 답이 정해져 있는 이런 질문이다.

"오늘 공부할 거 다 했어?"

"다음에도 또 이렇게 할 거야? 안 할 거야?"

"맞아, 틀려?"

"너, 지금 잘못했어? 안 했어?"

우리도 자라며 부모에게 이런 질문을 들어봤을 것이다. '예', '아니오'라는 틀에 박힌 대답을 유도하는 질문이다. 의견이나 생각을 묻는 말이 아니라 질문을 듣는 순간 저절로 방어적이 되어 빨리 그 상황에서 벗어나고 싶게 하고, 듣는 사람으로 하여금 혼난다는 느낌을 주어 마음을 철컥 닫아버리게 한다. '닫힌 질문'이라고 하기에도 민망한 '질문 같지 않은 질문'이다. 질문으로 포장한 추궁과 몰아붙이기 식의 혼내는 말이다. 굳이 닫힌 질문이라고 표현하며 질문의 범주에 넣는다면 '마음을 닫게 하는' 의미의 닫힌 질문이다. 이런 추궁식 물음도 질문이라는 고정관념에 사로잡힌 부모 때문에 아이들은 질문을 고문으로 느낀다. 부모의 어린 시절에도 마찬가지였으리라.

아이의 마음과 생각을 활짝 열어 호기심과 상상력, 창의력을 키워주고 싶다면 질문만 조금 바꿔보자. 부모가 아이에게 질문하는 이유를 생각하는 것이다.

마음과 생각을 여는 질문

아이의 생각을 확장시키기 위해서는 이것과 저것 중 하나만 골라야 하거나, 답이 정해져 있는 질문 대신 아이의 생각을 자유롭게 대답할 수 있는 질문을 던져야 한다. 이런 질문을 열린 질문이라고 한다. 아이에게 열린 질문을 던질 때는 '언제', '무엇', '어디',

'누구', '어떻게', '왜' 등을 활용하는 방법이 좋다. 정해진 답이 없는 질문은 아이의 두뇌가 풀가동할 수 있도록 만든다. 이 과정에서 아이의 창의성과 상상력이 무럭무럭 자라난다.

"어떻게 그런 생각을 했어?"

"오늘 공부하려면 어떻게 하면 좋을까?"

"어디서 책 읽고 싶어?"

"왜 거실에서 공부하고 싶어?"

"방 정리는 언제(어떻게) 할 예정이니?"

"개울, 시냇물, 냇물, 강물은 어떻게 같고 다를까?"

이런 질문을 받은 아이는 자유롭게 생각하며 질문에 대답할 수 있다. 이때 부모는 아이가 생각을 정리해 대답할 수 있도록 시간을 주어야 한다. 아이가 대답했다면 답을 찾은 것을 칭찬해 준다. 그리고 아이가 찾은 답을 존중하면서 그 답이 제대로 된 것인지 다시 한번 반문하는 질문을 던져도 좋다. 그러면 아이는 다시 그 답에 대해 검증하는 과정을 거치면서 생각하는 힘을 키운다. 그다음에 아이의 대답에 꼬리를 무는 열린 질문을 던지면서 아이의 생각을 공유하고 함께 문제해결 능력을 키워나간다.

이때 주의할 점이 있다. "오늘 언제 방 정리를 할 건지 말해줄래?" 등 일상에서의 질문은 때로 아이에게 부담을 줄 수도 있다. 그럴 때 부모의 표정과 말투를 잘 가다듬어 말해야 한다. "왜?"를 넣는 질문에서도 그러하다. 아이에게 질문의 경험을 긍정으로 느끼게 하려면 피곤하고 듣기 싫게 하면 안 된다. 질문은 항상 물음표를 동반한다. 물음표의 본래 목적은 상대의 말을 듣는 것에 있다. 상대를 깎아내리고 예단하며 입을 다물게 하는 것이 아니라 입을 열게 하는 게 질문이다. 입을 열기 전에 마음을 열고 생각을 열게 하는 게 열린 질문이고 그런 질문이라야 문제해결력도 키운다.

"네 생각이 궁금해"

"네 마음을 말해줘"

"또 다른 방법이 있을까?"

존중하는 마음을 담아 질문하자. 아이는 수많은 질문을 들을 것이고, 자신이 가진 능력을 동원해서 질문에 답하며 그 문제들을 해결해 나가야 한다. 부모의 좋은 질문이 아이의 문제해결력을 키워준다는 사실을 잊지 말자.

듣는 교육 vs 묻는 교육

다시 유대인 가정으로 돌아가 보자. 유대인 부모는 아이가 학교에서 돌아오면 "뭘 배웠니?"가 아니라 "무엇을 질문했니?"라는 질문을 하는 것으로 유명하다. 발명가 에디슨, 정신분석가 프로이트, 과학자 아인슈타인, 영화감독 스티븐 스필버그, 구글 창업자 세르게이 브린 등은 가정에서 부모로부터 일방적인 지식 전수자로서의 듣기가 아닌 능동적인 학습자로서의 질문을 하도록 지도받으며 자랐다.

학교에서 질문하기는 가정에서부터 시작되었기에 가능했다. "네 생각은 어떠니?"라는 부모의 질문 뒤에는 '못해도 괜찮아', '틀려도 괜찮아', '잘 모를 때는 엄마랑 같이 답을 찾아볼 수 있어'라는 지지와 격려가 담겨 있다. 아이의 생각을 묻고 존중하는 부모의 질문 한마디에 아이들은 자기 생각이나 하고 싶은 말을 자신 있게 할 수 있었다.

부모가 건네는 질문 한마디는 아이의 생각을 키우고 문제를 해결하도록 돕는 데서 끝나지 않는다. 꼬리를 무는 열린 질문을 통해 스스로 생각해 해답을 찾은 아이들은 다시 지식을 재구성할 질문을 만들어낸다. '뭘 알아야 질문도 하지'라는 말처럼 질문을 통해 문제를 해결하고 다시 질문을 만들어낼 줄 아는 아이는 공부의 목적을 누구보다 잘 달성한다. 긍정적인 질문의 경험은 아이가 질문을 잘할 수 있는 초석이 된다.

"배운다는 것의 최대 장애물은 답을 가르쳐주는 것이 아닐까? 그것은 스스로 답을 찾아낼 기회를 영원히 박탈해 버리기 때문이다. 스스로 생각해서 답을 찾아내야 진정한 배움을 얻을 수 있다고 나는 믿는다. 생각하는 인간을 만들려면 명령형인 '!' 부호보다 의문형인 '?' 부호가 훨씬 더 좋다."

물리학자이자 미래학자인 엘리 골드렛Eliyahu Goldratt이 한 말이다. 많은 정보를 얻는 것이 아니라 다양하게 사고하는 방법을 찾아내는 공부의 목적과도 정확히 맥락을 함께한다.

아이의 생각은 부모가 지어준 말을 먹고 자란다. 궁금함을 담은 열린 질문의 물음표로 아이가 생각하고, 확장하고, 깨닫게 하자.

아이의 대답을 이끌어내는 질문

사람은 개인적(주관적) 질문보다 일반적(객관적) 질문을 받았을 때 더욱 편안하게 사고한다. 아이의 마음이 궁금한데 쉽게 대답해 주지 않을 것 같다면 질문의 범위를 넓혀서 일반론적인 질문을 하는 게 좋다. 아이가 부담 없이 대답할 수 있을 법한 질문을 던져 속마음을 알아보는 것이다.

"너는 공부를 왜 해야 한다고 생각하니?"
→ **"친구들은 왜 공부를 해야 한다고 생각할까?"**
"너는 어떤 선생님이 좋아?"
→ **"아이들은 어떤 선생님을 좋아하는 것 같아?"**

6

아이의 암기력

초등학생 10명과 프로젝트를 진행한 적이 있다. 처음 만난 날 자기소개 시간을 가졌다. 정해진 시간은 없지만 분위기상 1분 이내로 자신을 소개하면 좋을 듯했다. 이름과 학교, 학년만 말하는 아이도 있고 사는 곳, 형제 관계, 좋아하는 연예인까지 이야기하는 아이도 있었다. 비슷비슷한 자기소개가 이어졌다. 하지만 나는 그 순간을 아직도 생생하게 기억하고 있다. 한 아이의 자기소개 때문이다.

"그것은 결코 모자가 아니었습니다. 보아뱀이 삼킨 코끼리를 소화시키고 있는 무시무시한 그림이었습니다. 어른들은 무엇이든 자세히 설명해 주지 않으면 모릅니다."

《어린 왕자》속 문장을 멋지게 암송한 아이는 참석자들을 향해 꾸뻑 인사했다. 인상적인 모습에 사람들의 시선이 집중되었고 아이는 웃으며 소개를 이어갔다.

"저는 사람의 마음 깊은 곳에 있는 것을 알아주고 치유해 주는 스피치 테라피스트가 되는 게 꿈입니다."

1분 남짓의 짧은 시간이었지만 프로젝트에 참석한 취지와 자신의 꿈을 연결해 멋진 자기소개를 마쳤다. 밝고 자신 있는 목소리로 《어린 왕자》의 한 구절을 읊으며 자신의 존재를 인상 깊게 각인시키는 야무진 초등학생을 보면서 프로젝트에 큰 기대를 품기도 했다.

그날 이후 책 읽기에 관한 부모교육 강연을 할 때면 이 에피소드를 소개하곤 했다. 아이에게 책을 읽어주기만 할 게 아니라 마음에 남는 한 문장 정도는 외우게 하자고 추천하면서 말이다.

암기는 주입식이 아니다

흔히 공부는 외우는 게 아니라 이해해야 한다고 말한다. 많은 부모가 암기력이라고 하면 무작정 외우는 주입식 교육이라고 생각한다. 그래서일까, 학습에서 외우는 것의 중요성이 많이 희석된 느낌이다. 하지만 암기하는 것은 그리 중요하지 않다며 소홀히 여기다가는 공부할 양이 늘어날수록 부족한 암기력에 발목을 잡힐 가능성이 높다. 우리는 암기, 하면 창의력을 방해하는 주입식 교육을 떠올린다. 하지만 암기는 장기 기억이며 이해력이 뒷받침되지 않으면 안 된다. 그만큼 암기력은 학습에서 중요한 역할을 한다. 아이가 공부하는 과목이나 문제 형식에 따라 암기력이 필요한 과목이 있고 창의적 이해력이 필요한 과목이 있다. 어느 교육 방식이 더 좋고 나쁜지는 가릴 수 있는 것이 아니며 두 가지 교육이 병행되어야 한다.

실제로 학교나 학원의 수업 시간에 종종 학생이 "선생님, 앞에 한 내용이 기억이 잘 안 나요"라며 다음 진도로 넘어가는 것을 어려워하는 경우가 있다고 한다. 이럴 땐 반복해 주면 된다. 그런데 학년이 올라갈수록 아이의 공부 양은 늘어난다. 현실적으로 이해할 때까지 반복하는 공부는 더 이상 시간이 허락하지 않는다. 이때는 빠르게 외우는 능력이 필요하다. 그제야 암기력이 아이가 성적을 높이거나 유지하는 데 매우 중요한 공부 기술임을 뒤늦게 깨닫는다.

공부에서 외우는 능력은 매우 중요하다. 외운다는 행위는 학습과 기억을 담당하는 기억중추인 해마를 발달시킨다. 따라서 자신만의 암기 방법을 가진 사람은 학습 내용을 효율적으로 기억할 수 있다. 암기력이 뛰어난 아이는 이해력도 높고 논리력도 좋다. 사실 암기력은 타고나는 능력이지만 다행스럽게도 암기력은 후천적인 노력으로도 얼마든지 키울 수 있다. 아이가 힘들어하더라도 암기 능력을 키워놓는다면 나중에 창의적인 학습의 바탕이 될 것이다.

생각을 쥐는 힘, 암기력

그렇다면 어떻게 아이의 암기력을 발달시킬 수 있을까? 무작정 외우는 것은 안 된다. 아이의 머릿속에 집어넣겠다는 생각보다 아이가 '생각을 쥐는 힘'을 갖도록 해주자고 여기자. 시작은 쉽고 단순할수록 좋다. 지금부터 사소하지만 강력한 암기력 훈련을 시도해 보자.

첫 번째는 소리 내 책을 읽는 것이다.

보통 아이가 혼자 책을 읽을 때는 소리 내지 않고 눈으로 읽어서 내용을 이해하는 묵독默讀의 방식을 선택한다. 하지만 우리 뇌는 자신의 목소리를 밖으로 내서 읽는 음독音讀에 더 크게 반응한다. 눈보다 입과 귀로 읽는 것이 기억 효과가 높다.

두 번째는 책을 읽고 난 뒤 한 문장만이라도 외우는 것이다.

독서는 책의 내용을 파악하고 필요한 정보를 얻는 등 다양한 목적을 가진 행위다. 어떤 문장이든 상관없으니 한 문장만이라도 아이가 기억할 수 있게 해주자. 아이가 외우고 싶은 문장을 선택하면 부모와 함께 반복하거나 그 문장의 의미를 되새기며 머릿속에 각인시키는 것이다. 처음에는 짧고 간략한 문장으로 시작해 아이가 문장 외우기를 익숙하게 여길 즈음에는 책 전체를 아우르는 문장을 고르는 게 좋다. 필요한 문장을 핀셋처럼 콕콕 짚어 기억하는 이 행동은 아이가 책의 전체 내용을 기억하는 데도 도움이 된다.

만일 아이가 문장 외우기를 어려워한다면 부모가 직접 시범을 보여주자. 예를 들어 《언제까지나 너를 사랑해》를 읽어주었다면 그림책을 덮으며 부모가 외운 문장을 아이에게 들려주는 것이다.

"아빠는 이 책에서 '너를 사랑해 언제까지나 / 너를 사랑해 어떤 일이 닥쳐도 / 내가 살아 있는 한 / 너는 늘 나의 귀여운 아기'라는 내용이 참 좋아."

"아빠, 그거 이 책에서 나온 자장가 맞지?"

"응 맞아. 아빠는 지승이한테 이 자장가 읽어줄 때 가슴이 뭉클했어. 아빠도 같은 마음이거든."

"아빠, 그 부분 한 번 더 읽어줘."

아이는 아빠가 좋아하는 부분을 한 번 더 읽어달라고 하거나, 그 내용이 어디에 있는지 궁금하다며 관심을 보일 것이다. 이때 "아빠는 그 내용을 외웠거든. 맞는지 지승이가 확인해 볼래?"라며 외운다는 것에 대한 호기심을 유도한다. 아이가 "응, 나도 아빠처럼 외울래!"라고 대답하면 함께 아이가 외울 문장을 고르는 것이다. 이런 경험을 통해 아이는 기억해 두면 책을 보지 않아도 언제든 내용을 떠올릴 수 있다는 것을 깨닫는다. 이렇게 암기력을 경험한 아이는 암기를 무작정 외우는 방식이 아니라 머릿속에 생각을 붙잡아두는 것으로 받아들일 수 있다.

함께 읽고 외우게 하라

초등학교 2학년과 1학년 자녀를 둔 어느 엄마의 이야기다.

"우리 집은 매주 토요일 오전 10시에 낭독회를 열어요. 책 한 권을 정해서 한 페이지씩 돌아가면서 소리 내 읽는 시간이에요.

다 읽고 난 뒤에는 책 내용에 관해 대화도 주고받아요. 덕분에 가족이 소통하는 시간도 많아졌고 아이들의 말하기와 발표 실력도 많이 향상됐어요. 식구들이 이 시간을 너무 좋아해서 30분을 더 늘릴까 고민 중이에요."

이 가족의 이야기를 강연에서 들려주었더니 "우리 집에서도 시작했다"라는 피드백을 많이 받았다. 어느 집은 가족이 둘러앉아서 그림책을 낭독하고, 또 다른 집은 한 명씩 앞으로 나가 책을 들고 소리 내 읽는다고도 한다. 이처럼 낭독회를 여는 집의 부모가 가장 만족하는 것은 가족 간 유대감은 물론 아이가 책 내용을 이해하고 문장을 암기하는 능력이 좋아졌다는 것이다. 하지만 종종 아이가 책을 소리 내 읽는 것을 어색하고 부담스러워해 낭독회 진행이 여의치 않다는 부모도 있다. 그럴 때는 아이에게 가장 친숙한 책인 교과서 낭독을 추천한다. 읽는 사람에 따라 어감이 어떻게 다른지, 무엇을 느꼈는지 비교해 볼 수 있다. 게다가 예습과 복습도 된다.

아이 혼자 소리 내 책을 읽을 때는 말투와 목소리의 크기나 높낮이, 발음 등의 차이를 알지 못한다. 그런데 저마다 다른 목소리를 가진 가족이 책을 읽는 모습을 보면 어떻게 읽어야 상대에게 잘 전달되는지 알 수 있다. 또한 눈으로 읽을 때는 잘 느끼지 못했던 쉼표나 물음표 같은 문장부호의 느낌도 살리고 띄어쓰기를 구분해서 읽을 수 있다. 예를 들어 '영희야, 너 철수 소식 들었어?'라는 문장을 눈으로 읽으면 '영.희.야.너.철.수.소.식.들.었.어'라고 글자(음절)를 읽지만, 소리 내 읽으면 말하는 것과 유사하게 어절_{語節}(문장의 띄어쓰기가 되어 있는 말의 덩어리)을 읽게 되어 문장이 의도한 느낌을 더욱 잘 이해할 수 있다.

초등 저학년까지는 특히 소리 내서 책 읽기를 많이 하는 게 좋다. 가능한 주기적으로 가족 낭독회를 열자. 대신 아이가 부담을 갖지 않도록 그림책이나 글밥이 적은 책부터 시작해 보는 것이다. 책을 읽은 다음에는 가족이 각자 한 문장만 외우자. 주기적으로 낭독회를 열고 문장을 외우려면 딱 한 문장이면 충분하다. 이때 아이에게 외우기를 강요하지 말고 엄마 아빠가 직접 시범을 보인다.

"아빠는 이 책에서 나온 '그래? 그렇다면 내가 먼저 해볼게'라는 문장이 참 좋았어. 용기를 주는 말이었거든."

이런 식이다. 아이는 부모가 읽어주는 책을 통해, 또는 스스로 책을 읽으며 마음에 담고 싶은 말, 기억하고 싶은 문장을 찾아낼 것이다. 아이가 찾은 문장이 그 책의 핵심인지 아닌지는 중요하지 않다. 그저 운율이 좋아서일 수도 있고, 재밌어서일 수도 있으며,

느낌이 좋아서일 수도 있다. 어떤 이유든 의미가 있다. 이런 경험을 하다 보면 책을 읽으며 내면에 간직할 보물 같은 문장을 선별하는 능력도 길러진다. 책에 있는 문장을 외운다는 것은 언제든 꺼내 쓸 수 있는 어휘, 문장, 지식, 지혜의 보물을 갖는 것이다.

아이가 고학년이 되면 상대적으로 긴 글을 읽어야 해서 음독할 기회가 거의 없다. 대입 수학능력시험의 국어영역 문제를 살펴보면 지문의 길이가 어마어마하다. 지문을 읽는 데 너무 많은 시간을 써서 문제를 다 풀지 못하는 경우가 다반사다. 어릴 때부터 소리 내서 문장을 읽는 경험을 쌓으면 긴 글을 읽는 데 도움이 된다. 눈으로 읽으면 자칫 놓칠 수 있는 음절 하나, 부호 하나가 입으로 읽으면 보이기 때문이다. 그래서 음독을 잘하는 아이는 묵독도 잘한다.

아이의 삶을 풍요롭게 하는 외우기

아이에게도 친구들과의 관계가 삐걱거리거나 마음이 힘든 순간이 있을 것이다. 그럴 때 조용히 읊조릴 수 있는 '나에게 힘을 주는 문장'이 있다면 어떨까. 또는 자기소개에 《어린 왕자》의 글을 인용한 아이처럼 '가장 나다운 문장'이 있다면 어떨까. 아마도 삶의 고비를 이겨내고 즐거운 순간을 더욱 빛나게 만들어주는 데 큰 역할을 할 것이다. 아이가 '나만의, 나를 위한' 문장을 찾을 수 있게 해주자.

책에서 문장을 발견할 수도 있지만 일상생활에서 '내 문장 찾기' 놀이를 하는 것도 좋다. TV 속 광고 카피, 만화영화 주제가, 엘리베이터나 화장실에 붙어 있는 문구 등 어느 것이든 좋다. '이게 바로 내 문장이다!' 싶은 것을 직접 찾거나 가족이 서로 찾아주는 것이다. 생각지 못한 보물 같은 문장을 발견해 자신의 것으로 만들 수 있다. 가장 잘 어울리는 문장을 찾은(찾아준) 사람에게는 적절한 보상을 한다면 문장 찾기 놀이가 더욱 흥미진진할 것이다. 이 경험은 암기력뿐 아니라 아이의 감수성과 언어지능 향상에 도움을 준다.

《어린 왕자》를 멋지게 인용한 초등학생에게 감동한 날, 나는 집으로 돌아와 그 책을 펼쳤다. 그리고 내가 외우고 있는 문장을 확인했다.

'사막이 아름다운 것은 그 어딘가에 샘을 숨기고 있기 때문이야.'

그 문장을 확인하면서 옆 페이지 문장도 보았다. 그 문장도 외웠다.

'가장 중요한 것은 눈에 보이지 않는다.'

이 문장은 지금 아이의 마음을 알고 싶어 하는 부모에게 꼭 해 주는 조언이 되었다.

"수현아, 엄마는 네가 궁금할 때가 많아. 《어린 왕자》에 나오는 말처럼 가장 중요한 것은 눈에 보이지 않을 수 있거든. 소중한 네 마음을 언제든 엄마에게 보여주렴."

이렇게 말하라고 말이다.

그뿐 아니다. 아이의 재능과 꿈을 어떻게 대해야 할지 고민하 는 부모에게는 다음과 같은 문장을 들려주며 아이에게 좀 더 진 솔하게 다가가라고 제안한다.

'어른들은 혼자서는 아무것도 이해하지 못합니다. 그래서 어른 들에게는 이것은 이렇고 저것은 저렇다고 자세히 설명해 주어야 합니다. 하지만 그것이 어린이들로서는 여간 힘들고 귀찮은 일이 아닙니다.'

'그래서 나는 여섯 살에 멋진 화가가 되겠다는 꿈을 포기하고 말았다.'

외워둔 문장을 적재적소에 꺼내 보물처럼 활용하면 얼마나 유 려한 말하기가 될까. 같은 책도 번역에 따라 느낌이 다르다는 것도 알게 된다. 동화나 단편소설 한 편에서 얼마나 많은 보물을 발견할 수 있는지 놀라울 따름이다. 그러니 아이가 책을 소리 내 읽고 하나의 문장을 외울 수 있게 해주자. 이 과정에서 아이가 어떤 꿈, 어떤 미래를 발견할지 우리는 아직 모른다.

외운다는 것은 인풋input이다. 지식과 정보의 곳간을 풍부하게 채우는 것이다. 인풋을 많이 하면 아웃풋output에 도움이 된다. 책을 읽고 외우는 것에 대한 가치는 철학자 니체의 말에서도 확인할 수 있다.

"책을 읽었다면 자신의 내면에 확실하게 넣어두는 보물과 같아야 하며 언제든 자유롭게 꺼내 쓸 수 있어야 한다."

7

아이의 자기이해지능

대학생이 참석한 어느 강연에서 1분 안에 자신이 좋아하는 것을 세 가지 이상 말하는 시간을 가졌다. 자기소개와는 성격이 다른 '1분 말하기'는 반드시 좋아하는 것에 대한 이유를 말해야 하는 룰이 있었다. 모든 참가자가 1분 말하기를 마친 뒤 소감을 물어보니 다들 어려웠다고 했다. 처음에는 인원이 많아서 시간을 1분으로 한정한 것일까 생각했는데 진행자의 이야기를 들어보니 다른 의도가 숨어 있었다. 단 1분의 시간이란 '나는 이미 나 자신을 알고 있다'라는 전제의 자기 설명하기 시간이었다. 그러니까 이미 자기 자신에 대해 알고 있다면 그것을 말하는 데는 1분이면 충분하다는 것이다.

참가자들은 좋아하는 것은 어렵지 않게 말했지만 "왜냐하면"을 말한 뒤에는 주춤거리는 경우가 많았다. 그러고는 "그냥요", "잘 모르겠어요", "글쎄요"라며 얼버무리기도 했다. 사실 이 활동은 평소 스스로를 성찰하지 않으면 즉각적으로 나올 수 없는 것이다. 간혹 자신을 잘 알고 있는 참가자도 있었다. 그는 무려 자신이 좋아하는 것 5가지와 그 이유를 짧지만 명쾌하게 말했다.

스스로에게 철학적 성찰을 던져보자.

'나는 지금 즉시 나를 설명할 수 있는가?'

아주 사소한 질문과 자기이해지능

1분 말하기를 보며 나는 '자기이해지능'을 떠올렸다. 하버드 대학교 심리학 교수인 하워드 가드너Howard Gardner가 제안한 다중지능이론Multiple Intelligence의 하나다. 가드너 박사는 IQ로 인간의 가능성을 획일화하는 것에 의문을 제기하며 언어지능, 논리수학지능, 음악지능, 공간지능, 신체운동지능, 인간친화지능, 자기이해지능, 자연친화지능 등 8가지 지능을 발표했다. 사람은 8가지 지능 중 한두 가지 이상의 재능을 가지고 있고 이 지능을 발전시키면 그 분야에서 두각을 나타낸다는 것이다. 다중지능이라고도 하며 재능이라는 말과 혼용해서 쓰기도 한다.

그중에서도 자기이해지능은 자신의 감정을 잘 알고 다스리는 것을 말한다. 자신의 느낌, 장단점, 특기, 희망, 관심 등 자기 자신의 본 모습에 대하여 보다 객관적으로 그리고 심층적으로 잘 파악하고 이해하며 그에 기초하여 잘 행동한다. 자기이해지능이 높은 사람일수록 1분 말하기가 어렵지 않을 것이다. 자신을 잘 이해하고 있기 때문이다.

자신을 이해하는 것은 세상을 이해하는 출발점이다. 아직 어린아이지만 부모가 어떻게 이끄느냐에 따라 아이는 자신과 친구, 학교와 사회라는 자신의 세상을 이해할 수 있다. 아이가 무엇에 관심 갖고 무엇을 좋아하는지 그 이유를 물어보는 것만으로도 아이의 자기이해지능을 자극할 수 있다. 사소하지만 아이에게는 무엇보다 큰 질문이다.

"너는 어떤 과일을 좋아해?"
"너는 어떤 놀이가 좋아?"
"너는 어떤 친구와 노는 게 재밌어?"

이런 질문을 던진 뒤 아이가 대답하면 한 차례 더 묻는다.

"왜?"

단순한 질문이지만 대답에는 복합적 의미가 담길 수 있다. 부모와 이런 문답을 많이 주고받은 아이는 금세 자기 이야기를 할 수 있을 것이다. 하지만 자신에 대해 성찰하고 생각하는 시간을 갖는 것은 생각보다 어렵다. 특히 아이는 물어봐 주는 부모가 있어야 비로소 자신에 대해 생각해 본다. 따라서 아이와 부모의 접촉이 빈번한 시기인 유아기에 아이에게 자신에 관한 질문을 지속적으로 던져줘야 한다.

"우리 시은이는 어떤 음식이 최고로 맛있어? 왜?"

여러 가지 중에서 가장 좋은 한 가지만 선택하는 것이니 이유가 없을 리 없다. 아이는 이런저런 이유를 생각하며 최고로 좋고 맛있는 이유를 찾아낸다. 스스로 인과관계를 깨닫는 자문자답으로 이어지기도 한다.

"나는 샤인머스캣이 최고 좋아. 왜냐하면 달콤하고 먹을 때 느낌이 재미있어."

모든 학문은 원인과 결과를 물으며 생각하는 것이다. 세상의 이치에 대해 연구하는 것이 공부라면 내가 무엇을 좋아하고 왜 좋아하는지를 찾는 사소한 물음은 '나'를 공부하는 과정이다. 내가 좋아하는 음식, 색깔, 옷, 그림, 책, 과목, 사람을 파악하고 그 이유를 알아가는 것은 자기 자신을 탐구하고 삶의 방향을 잡는 길라잡이가 된다. 하워드 가드너는 자신이 무엇을 원하고, 무엇을 잘하는지 알아야 자아를 실현할 수 있다고 말했다. 자기이해는 나에게 진정으로 좋은 것은 무엇인지 인식하고, 주어진 상황을 좀 더 좋은 방향으로 바꿀 수 있도록 도와줄 것이다. 그러므로 아이가 꿈과 목표를 설정하고 도전하는 데 필요한 기초적 질문을 하자. 이는 공부의 목표와도 맥락을 같이한다.

자기이해지능을 이용한 공부법

우리는 세상의 이치를 배우기 전에 자기 자신을 알아야 한다. 그래야 무엇이 되고 싶고 무엇을 준비해야 하며, 지금 해야 할 일도 알 수 있다. 스스로를 이해하는 아이는 세상을 이해한다. 자신을 돌아보며 내가 가진 정서와 삶의 가치를 파악한 아이는 세상에 쉽게 흔들리지 않는다. 자신에 대한 깊은 이해는 자신의 한계를 아는 것이기도 하다. 따라서 자기이해지능이 높은 아이는 실패와 좌절에도 유연하게 대처할 수 있다. 자기이해지능은 아이의 회복탄력성과 자존감의 바탕인 셈이다.

대학생들이 강연회에서 했던 '1분 말하기'를 아이와 함께해 보자. 주제는 다양할수록 좋다. 내가 좋아하는 것, 내가 싫어하는 것, 내가 가장 사랑하는 사람, 내가 제일 행복한 순간, 무인도에 가져가고 싶은 것 등의 주제를 주고 세 가지 이상을 말하고 그 이유도 설명하는 것이다. 부모는 아이의 1분 말하기 내용을 잘 기억해 두었다가 이를 공부 방식과 결합해야 한다.

예를 들어 지효는 좋아하는 것으로 '혼자 있는 시간, 일기 쓰기, 그림책 보기'라고 대답했다. 그 이유로 '혼자 있을 때 많은 생각을 할 수 있어서, 일기에는 다른 사람에게는 할 수 없는 이야기를 털어놓을 수 있으니까, 예쁜 그림을 보면 기분이 좋아져서'라고 덧붙였다. 실제로 지효는 학교에서 돌아오면 자기 방에서 조용히 공부를 하거나 책을 읽는다. 수업 시간에 손을 들고 발표를 잘하지는 않지만 그래도 성적은 우수하다. 친한 친구가 있지만 부모에게 학교에서 있었던 일이나 친구 이야기를 자주 하는 편은 아니다. 하지만 엄마 아빠가 꼭 알아야 할 일이나 중요한 일, 부모의 의견이 필요한 일은 빠뜨리지 않고 이야기한다. 지효는 자기 전에 꼭 일기를 쓰는 습관이 있다. 지효의 일기장에는 그날의 생각과 사소한 일들이 빼곡하게 적혀 있다. 지효의 장래 희망은 작가가 되는 것이다.

지효는 스스로 문제를 해결하는 것을 좋아하며, 기록하는 것을 즐긴다. 지효의 부모는 아이가 스스로 공부 계획을 세우면 그것을 존중해 준다. 아이의 공부 방식이나 학습 진도에 관여하기보다 아이를 믿고 응원해 주는 편이다. 또한 지효가 공부한 내용을 따로 정리할 수 있도록 아이만의 문제 풀이집을 마련해 주고 작가의 꿈을 이룰 수 있도록 독서 노트를 제안한다. 이런 부모 덕분에 혼자서 조용히 스스로 해결하는 것을 좋아하는 지효는 자신의 성향에 맞는 공부 방식으로 학습이 더욱 즐거워지고 자신감과 성취감이 커지면서 학업 성적도 좋아질 것이다.

반복적인 자기 성찰과 이해는 학습 민첩성을 기르는 데 도움이된다. 아이가 스스로를 이해하면서 점차 자신에게 맞는 학습 방법을 찾을 수 있기 때문이다. 평소 책상에 오래 앉아 있는 아이는 하루에 여러 과목을 꾸준히 공부하는 방식이 효과적일 수 있다. 반면 책상에 앉아 있는 시간은 짧지만 집중력이 높은 아이는 짧은 시간 동안 고도로 집중력을 발휘해 주어진 학습 양을 채울 수 있도록 하루에 한두 과목 위주로 공부하는 계획을 세울 수 있다. 자신의 성향에 따라 어떤 과목을 먼저 공부하고 어떤 과목은 나중으로 미뤄도 괜찮을지 파악하는 것도, 부족한 부분을 보완할 때 부모의 적절한 도움을 요청하는 것도 자기이해지능을 이용하는 것이다. 스스로를 진단하며 개선 방법을 생각하는 아이는 부모의 현명한 도움도 적극적으로 받아들인다.

이처럼 자신을 돌아볼수록 아이는 나만의 속도와 방향에 맞춘 공부 방식을 찾고 그에 맞춰 학습 계획을 세울 수 있다. 스스로를 안다는 것은 내가 좋아하고 잘하는 것뿐 아니라 부족하고 자신 없는 것도 파악하는 것이다. 자기 이해가 깊을수록 어떻게 대처해야 하는지도 깨달을 수 있다.

원하는 방향으로 나아가는 아이

자기이해지능이 높은 사람은 스스로를 잘 알고 있으며 자신의 능력에 대한 판단도 정확하다. 또한 자신의 감정을 잘 파악할 뿐만 아니라 미래를 위한 준비 활동에도 적극적이다. 어렸을 때부터 스스로를 성찰해 온 아이는 세상(학교와 성적, 비합리적 구조 등)과 부모(물리적, 정서적 환경)를 탓하지 않는다. 모든 것은 항상 '자신으로부터 시작'한다고 여긴다. 핑곗거리를 찾거나 남을 탓하느라 불필요한 에너지를 소모하지도 않는다. 문제가 생기면 원인을 찾고, 해결할 방법을 준비해 실행하며 세상(상황)에 맞춰 나간다.

자신이 어떤 사람이고, 부모님은 무엇을 원하고, 이 세상은 어떤 곳이며 자신이 세상에서 어떻게 살 것인가를 아는 과정에서 아이는 공부를 해야 하는 긍정적이고 확실한 이유를 찾아낼 것이다. 모든 것은 자신으로부터 시작된다는 것을 깨달은 아이는 다른 누구도 아닌 자신을 위해 공부한다.

바람의 방향은 바꿀 수 없지만 돛의 방향을 바꿀 수 있는 것처럼, 이 세상의 모든 것을 아이 맘대로 할 수는 없다. 하지만 아이가 원하는 방향으로 갈 수는 있다. 삶의 방향을 설정하는 것은 자기를 이해하는 것으로부터 시작된다. 아이가 누구보다 자신을 잘 이해할 수 있도록, 아이를 향한 적절한 질문을 던지고 자신을 돌아볼 수 있는 계기를 마련해 주자.

3부

아이의 공부 자존감을
높여주는 결정적 조건

선호는 생각이 많고 조용한 아이다. 밖에서 뛰어노는 것보다 혼자 책 읽기를 더 좋아하고 친구들과 있을 때도 말하기보다 주로 듣는 입장이다. 엄마는 초등학교에 입학한 선호가 학교생활에 잘 적응할지 혹시 괴롭힘을 당하지는 않을지 걱정이다. 아이가 좀처럼 속마음을 이야기하지 않는 것 같아 이것저것 물어보지만 별다른 말이 없다.

그러던 어느 날 엄마가 수업을 마친 선호를 데리러 학교 앞으로 갔다. 선호는 친구들과 함께 운동장에 있었다. 아이들은 서로 별명을 부르며 놀리거나 서로의 옷을 잡아당기며 놀고 있었다. 그때 친구 중 가장 덩치가 큰 아이가 선호의 겉옷에 달린 후드를 잡아당기더니 억지로 머리에 씌웠다. 눈을 덮을 정도로 깊게 씌운 후드 때문에 순간 선호는 앞이 잘 보이지 않아 비틀거렸다. 친구들은 그런 선호를 보며 재미있다는 듯 웃었다.

그 장면을 보고 화가 난 엄마가 아이들에게 달려갔다. 그러고는 선호의 후드를 거칠게 벗겼다. 친구들은 깜짝 놀라 웃음을 멈췄다. 선호도 상황 파악이 안 된다는 듯 눈만 깜빡거렸다. 엄마는 친구들에게 말했다.

"너희 학교에서 친구를 이렇게 괴롭혀도 된다고 배웠니? 왜 가만히 있는 아이를 못살게 구니? 누가 너희한테 이러면 좋겠어?"

선호에게 후드를 씌운 아이가 눈치만 보다 겨우 입을 열었다.

"그게 아니라요…."

"아니긴 뭐가 아니야. 아줌마가 다 봤는데. 어서 사과해."

친구들은 기어들어 가는 목소리로 선호에게 미안하다고 말했다. 엄마는 선호의 손을 거칠게 잡고 학교를 빠져나왔다.

"너는 입이 없니? 왜 하지 말라고 말을 못 해? 네가 손이 없어, 발이 없어. 왜 친구가 괴롭히는데 그러고 가만히 있어. 엄마가 뭐라고 했어. 학교에서 친구들이 놀리거나 괴롭히면 눈 똑바로 뜨고 허리 펴고 당당하게 말하라고 했지. 네가 그렇게 아무 말도 못하고 가만히 있으니까 친구들이 더 놀리는 거잖아."

엄마는 선호를 향해 속사포처럼 말했다. 눈물을 글썽이던 선호는 집에 도착할 때까지 아무 말 없이 고개만 푹 숙였다. 그 모습을 보니 엄마는 더 화가 났다. 차라리 소리 내 울거나 대들기라도 했으면 좋으련만. 그날 선호는 저녁도 먹지 않은 채 방에서 나오지 않았다. 좀처럼 화가 가라앉지 않던 엄마도 짠한 아이의 모습을 보니 '너무 심하게 말한 것은 아닌지' 하고 후회했다. 한편으로는 앞으로 이런 일이 또 있을 텐데 그럴 때마다 어떻게 해야 할지, 걱정이 밀려왔다.

아이의 감정에 주파수를 맞춰라

부모가 아이에게 화내는 가장 큰 이유는 '아이를 걱정해서'다. 선호 엄마는 친구들에게 휘둘리기만 하고 자기표현을 제대로 하지 못하는 아이가 걱정이었다. 이런 경우 완벽한 대처는 어렵지만 아이와 부모 모두 덜 후회하고 덜 속상한 방법을 찾아야 한다.

우선은 상황을 지켜본 뒤 아이와 둘만의 시간을 만들고 문제의 장면에 관해 물어보는 게 좋다.

"엄마가 보니까 운동장에서 친구가 네 후드티를 잡아당기고 모자도 억지로 씌우던데 불편하지 않았어?"

이 질문은 두 가지 가능성을 담고 있다.

먼저 엄마가 본 장면이 전부가 아닐 수도 있다는 점이다. 엄마가 보기 전에 선호가 먼저 친구에게 장난을 쳤을 수도 있다. 그다음에 친구가 선호의 후드를 잡아당겼다면 상황은 달라진다. 서로 장난을 주고받은 것일 뿐, 선호에게는 별다른 문제가 아닐 수도 있다. 이 경우 엄마의 행동은 혼자 과민반응해서 선호를 야단치고 교우관계까지 망가뜨린 게 된다. 엄마의 관점에서는 아이가 괴롭힘을 당하는 것이지만, 아이의 관점에서는 친구와 사소한 장난을 친 것에 지나지 않기 때문이다.

"엄마 괜찮아. 나도 친구한테 장난쳤어."

선호가 이렇게 대답한다면 부모는 뒤끝 없이 상황을 마무리하면 된다.

"그랬구나, 엄마가 혹시나 걱정돼서 물어봤어. 친구들하고 장난치는 건 좋은데 너무 과격하게 놀다가 너나 친구들이 피해를 볼 정도로는 하지 않았으면 좋겠어."

엄마가 자신을 걱정하는 마음을 확인한 아이는 기분 좋게 하루를 보낼 수 있다.

두 번째로 알 수 있는 것은 아이의 진짜 마음이다. 친구가 옷을 잡아당기며 후드를 씌운 게 선호는 아무렇지도 않을 수 있다는 점이다. 선호가 먼저 장난을 걸지 않았는데도 친구가 선호의 옷으로 심한 장난을 쳤다는 사실이 부모의 입장에서는 기분 나쁠 수 있다. 하지만 선호가 그 상황을 별일 아니라 여긴다면 그 감정을 인정해 줘야 한다. 선호의 감정이 다치지 않았는데 부모가 제대로 대응하지 못했다며 화를 내고 혼낸다면 결국 부모가 아이에게 상처를 준 셈이 된다. 아이가 괜찮다고, 아무렇지도 않다고 말하면 그냥 넘어가야 한다. 군이 염려된다면 이 정도만 말하자.

"그랬구나. 혹시 앞으로 친구가 또 그렇게 장난쳤을 때 기분이 나쁘거나 화가 나면 하지 말라고 말해야 해. 만약 그렇게 말하기 힘들면 엄마한테 말해줘. 같이 의논해 보자"

이 말을 들은 아이는 친구의 장난이 불편하거나 과하다고 느낄 때 스스로 또는 부모의 도움을 받아 문제를 해결할 수 있다.

아이와 대화할 때 부모는 아이의 감정을 살피면서 말해야 한다. 부모의 감정에 주파수를 맞추면 아이에게 부모의 감정을 따르라는 일방적 통보가 된다. 타인의 감정에 끌려다니는 아이는 자기감정을 다루는 법을 배우지 못한다. 어떤 상황이든 부모가 감정적으로 행동하지 않는다면 아이의 감정도 편안해진다. 하지만 부모의 감정이 불안, 분노, 우울 같은 방향에 주파수를 맞춘 상태라면 아이 또한 부정적인 감정에 끌려가게 된다. 이런 경험이 반복되면 아이는 분노, 걱정, 슬픔 같은 부정적 감정을 통제할 수 없다.

근거 있는 자신감 꺼내주기

만일 선호가 친구들이 괴롭혀서 힘들었다고 말하면 어떻게 해야 할까?

이때도 부모가 먼저 화를 내서는 안 된다. 아이의 행동을 아쉬워하거나 비난해서도 안 된다. 생각해 보자. 가장 힘든 사람은 아이다. 아이가 스스로 자신의 감정을 느끼고 받아들인 뒤 이해하고 앞으로 나아가는 과정이 필요하다. 그런데 부모가 먼저 자신의 감정을 터뜨려버리면 아이는 자신의 감정을 해소할 기회를 잃게 된다. "왜 하지 말라는 말 한마디를 못했니"라며 화를 내면 부모의 눈치를 보느라 아이의 힘든 마음을 드러낼 수 없다.

우리가 슬픔, 분노, 화, 고통을 표현할 때 어떻게 말하는가? '슬픔을 터뜨리다, 분노가 폭발하다, 화를 내다, 고통을 자아내다'와 같이 표현한다. 모두 안에 있는 것을 밖으로 *끄집어내는* 방식이다. 그렇다. 고통스럽고 화가 나는 부정적인 감정은 분출과 발산을 통해 건강하게 떠나보내야 한다. 그런데 부모가 먼저 화를 내면 아이는 감정을 해소할 기회를 놓치고 해소할 방법도 배우지 못한다. 아이가 부모와의 감정 분리를 통해 자신의 감정을 오롯이 느낄 수 있어야 한다.

그다음에 부모는 울타리 역할을 해주면 된다. 밖에서 부딪히고 상처 입어 힘든 아이의 마음이 존재만으로도 위로받고 쉴 수 있는 울타리가 되어주는 것이다. 아이가 감정을 드러낼 수 있도록 위로의 관점에서 접근하자. '아이에게 뭐라고 말해 줘야 할까'가 아닌 '어떻게 하면 아이가 위로받고 속마음을 말할 수 있을까'의 관점에서 먼저 생각하자. 아이가 감정을 분출해서 마음에 빈 공간이 생기면 부모는 위로의 말로 그 공간을 채워주면 된다.

이때 주의할 점은 부모가 원하는 아이의 모습을 말해 주는 것은 결코 위로가 되지 않는다는 사실이다.

"싫으면 싫다고, 하지 말라고 당당하게 말해!"

이 말은 위로가 아니라 부담이다. 부족한 부분을 끄집어내지 말고 아이가 가진 다른 능력을 깨닫게 해주는 게 좋다. 아이마다 각자 다양한 능력을 가지고 있다. 친구들을 잘 이끄는 능력을 가진 아이가 있는가 하면, 사람들 앞에 나서는 것보다 조용히 어울리는 것을 좋아하는 아이도 있다. 이처럼 아이의 능력을 인정하고 칭찬해 주면서 슬픔이 빠져나간 공간을 채워주자.

선호는 책을 많이 읽어서 또래보다 어려운 단어를 많이 알고 있다. 그렇다면 이렇게 말한다.

"친구들이 놀려서 선호가 그동안 힘들었구나. 엄마한테 말해 줘서 고마워. 친구들이 우리 선호가 얼마나 멋지고 좋은 사람인 지 알게 되면 오늘처럼 놀리지 않았을 텐데. 선호는 책을 많이 읽 어서 친구들은 잘 모르는 단어도 많이 알고 있고, 받아쓰기도 항 상 100점이잖아. 얼마 전에 효민이네 엄마가 선호는 공부도 열심 히 하고 어른스러워서 좋겠다면서 엄마를 엄청 부러워했어. 그날 엄마가 얼마나 뿌듯했는지 몰라. 이렇게 자랑할 게 많은 우리 선 호를 친구들이 놀렸다니. 선호는 엄마 아빠한테 늘 멋지고 자랑 스러운 아이야. 오늘은 속상했겠지만 훌훌 털어버리자. 만약 선 호가 속상한 일이 있으면 엄마 아빠한테 말해줘. 우리, 같이 방법 을 찾아보자."

이러한 위로는 아이에게 안도감과 유능감을 느끼게 해준다. 스 스로를 소심한 사람, 친구들과 잘 어울리지 못하는 사람이라고 생각하던 아이도 엄마의 말에 자신을 똑똑하고, 부모가 자랑스러 워하는 사람으로 여길 것이다.

아이의 상처를 치유하는 위로는 '근거 있는 자신감'을 만들어주

는 것이다. MZ세대가 자주 사용하는 줄임말 중에 '근자감'이라는
게 있다. '근거 없는 자신감'의 줄임말로 믿을 구석 하나 없이 자신
감만 가지고 행동하는 사람을 지칭한다. 이런 근자감을 가진 사
람은 자기중심적 사고와 독선적인 태도를 보일 수 있다. 하지만
근거 있는 자신감을 가진 사람은 다르다. 자존감과 회복탄력성으
로 무장한 채 위기와 고비가 찾아올 때마다 스스로 이겨낸다. 아
이를 위로하고 싶다면 근거 있는 자신감을 꺼내주고 채워주자.

가르침은 위로가 끝난 다음에 해도 늦지 않다

아이가 자신감을 회복하고 부모에 대한 믿음을 가지고 있다면
이제는 부모의 가르침이 필요하다. 아이가 스스로 문제를 해결할
방법을 깨닫게 하는 것이다.

이때는 부모가 자신의 관점을 전달하되 아이를 평가해서는 안
된다. 그보다는 제안에 가까워야 한다. 아이가 잘못한 게 아닌데
부모가 아이의 행동을 판단하고 평가하려고 하면 아이는 죄책감
을 갖게 된다. 죄책감을 느낀 아이는 공부에 집중하지 못한다. 스
스로에 대한 자신감과 학습 의욕을 잃었기 때문이다.

"이럴 때는 이렇게 해보는 게 어떨까?"

"이런 방법도 좋은 것 같은데, 다음에는 이렇게 해볼까?"

이 정도의 대화도 현실적으로 쉽지는 않다.

'내 아이'를 위로한다는 것은 어려운 일이다. 그럼에도 부모는 아이가 실패의 슬픔을 거쳐서 다음을 위한 자기 발전으로 갈 수 있도록 이끌어주어야 한다.

아이는 자신을 위로하며 들을 준비가 되어 있는 부모에게는 언제나 말할 준비를 하고 있다. 아이의 감정에 주파수를 맞추고 어루만지며 들어주자. 그것부터 시작하면 된다. 여기에 모든 해법이 있다.

2

선행학습,
오늘도 부모는 흔들린다

인구 500만 명의 작은 나라, 한국 학생의 3분의 1에 불과한 공부 시간, 초등학교 입학 전에는 글자를 가르치지 않는 곳. 그럼에도 많은 성인들이 3~4개의 외국어를 할 줄 알고, '교육'이라는 주제가 나오면 빠짐없이 거론되며, 세계 최상위의 학업성취도를 보여주는 나라. 바로 핀란드다.

핀란드는 '더 적게 가르칠수록 더 많이 배운다'라는 교육 철학을 실천하는 것으로 유명하다. '더 많이 가르칠수록 더 많이 안다'라며 영아기와 유아기에도 조기교육을 하지 않으면 불안해하는 우리나라와는 완전히 다른 이야기다.

아이의 학습에 관한 부모의 양육방식은 늘 논쟁거리다. 꽤 오래 전 포털사이트와 여성잡지에서는 알파맘 vs 베타맘 논쟁이 끊이지 않았다. 알파맘은 아이의 진로를 정하고 명문대 입학을 위해 아이 교육에 자신의 모든 에너지와 시간, 돈을 쏟는 부모를 말한다. 베타맘은 아이를 존중하고 믿어주며 공부에 직접 관여하기보다 아이 스스로 미래를 설계하고 이뤄낼 수 있게 뒤에서 지켜보는 부모다. 누가 옳고 그른지 단언할 수는 없지만 자녀를 사랑하는 부모의 마음을 보여주는 것만은 일치한다. 스칸디맘 vs 타이거맘 논쟁도 있었다. 스칸디맘은 전형적인 핀란드 스타일의 교육을 실천하는 부모다. 타이거맘은 중국의 열혈 부모와 한국식 교육을 선호하는 부모다.

우리나라의 교육열은 세계적으로도 유명하다. 5세만 돼도 한글은 기본이고 수학 기초 연산과 영어를 가르친다. 핀란드 입장에서 보면 마치 밑 빠진 독에 물 붓기 같은 이 교육방식을 우리는 왜 고수할 수밖에 없는 걸까? 한 엄마의 하소연에 그 답이 있었다.

"솔직히 초등학교 1학년까지 공부는 의미가 없어요. 실제로 대부분 나라의 교육 과정이 그렇기도 하고요. 그런데 유아기에는 놀이가 곧 공부라는 굳건한 의지를 가진 부모도 한국에서 1년만 살면 생각이 바뀌어요. 자기 신념이 무너지는 거죠. 저도 공부 때문에 아이를 희생시키지 말자, 아이에게 공부를 강요하지 말자, 하고 싶어 할 때 시키자고 다짐했어요. 그래도 저는 몇 년은 잘 버틸 줄 알았죠. 그런데 결국 얼마 못 가서 흔들렸어요. 아무리 나무가 가만히 있으려고 해도 바람이 불면 흔들릴 수밖에 없는 것 같아요. 남들이 다 하는 걸 저만 안 할 수는 없더라고요. 내 신념이 아이의 미래를 망치는 건 아닌가 하는 생각이 드니까 저도 모르게 아이 학원부터 알아보고 있더라고요."

나무는 고요하고자 하지만 불어오는 바람에 흔들릴 수밖에 없는 것이 부모다. 그렇다면 공부의 태풍이 몰아치는 데 서 있는 부모와 아이는 어떻게 해야 쓰러지지 않고 이 시기를 잘 지날 수 있을까?

잘못된 선행학습이 평생학습을 망친다

7세의 아이가 누구보다 재미있게 놀고 있다고 해보자. 어찌나 신나게 노는지 세상에서 가장 행복한 얼굴을 하고 있는 아이. 쉬지 않고 뛰어다니다가 친구들과 모여 블록을 쌓기도 하고, 소꿉놀이도 하다가 다시 놀이터로 나가는 아이. 이런 아이를 본다면 부모는 어떤 생각이 들까.

'저렇게 놀기만 하면 나중에 학교에 가서 공부를 제대로 할 수 있을까?'

'정말 에너지 넘치는 아이야. 아이가 학교에 가면 저 에너지를 어떤 새로운 것에 쏟을까?'

우리는 어떤 부모일까.

유치원에 다니는 아이를 둔 한국 부모는 아이에게 미리 초등 과정을 가르쳐야 할지 고민에 휩싸인다. 그뿐 아니다. 영어처럼 초등학교 1, 2학년 과정에는 없는 과목이나 코딩, 중국어까지 따로 시키기도 한다. 때문에 어린이집이나 유치원이 끝나고 학원에서 일과를 보내는 유아도 증가하고 있다. 주변을 돌아보면 학교에 들어가기 전에 아이가 배워야 할 게 많은 듯하고 우리 집만 아이에게 아무것도 시키지 않는 것 같아 불안하기 때문이다.

적절한 선행학습은 아이의 학습 발달에 도움이 된다. 하지만 지나친 선행학습은 아이의 평생학습을 망친다. 초등학교 1학년 교과서를 펼쳐보자. 글 몇 줄이 전부다. 교과서는 아이의 발달 단계에 맞춰 철저하게 연구한 결과물이다. 아직 발달이 온전히 이루어지지 않은 아이에게 무리하게 선행학습을 시키면 정작 학습을 해야 하는 시기인 초등학교에 입학한 뒤에는 공부에 흥미를 잃게 된다. 부모가 시켜야만 억지로 공부하는 척만 하는 아이가 되는 것이다.

아이 뇌를 교란시키는 부모

발달에 맞지 않는 과도한 학습은 스트레스를 유발하고 이는 아이의 뇌 발달에 손상을 준다는 연구 결과가 많다. 4~7세는 아이의 감정뇌(대뇌변연계) 발달이 활발하게 이뤄지는 시기다. 보고, 듣고, 만지는 등 오감으로 체험하며 배운다. 그런데 이때에 연령에 맞지 않는 과도한 선행학습을 하면 정작 필요한 교육을 간과해 적절한 시기에 필요한 지각 영역을 발달시키지 못하기도 한다. 우리 뇌에서 언어, 수학 같은 논리적이고 입체적 사고를 담당하는 두정엽과 측두엽은 7~12세에 발달한다. 이 시기에 맞춰 학습을 시작해야 뇌가 정보를 감당할 수 있고 학습 효과도 높다.

과도한 선행학습은 아이의 학습을 방해하고 스트레스를 높이기도 한다. 아이가 스트레스를 받을 때마다 노르아드레날린이라는 호르몬이 아이의 감정뇌 발달을 교란시켜 정서를 불안하게 만든다. 이는 아이의 집중력 저하로 이어진다. 또한 우리 뇌는 스트레스를 받을 때마다 단기기억을 장기기억으로 바꾸는 역할을 하는 해마와 수상돌기가 손상을 입는다. 실제로 위스콘신 대학교의 연구 결과에 따르면 유아 시절 강도 높은 스트레스를 경험한 아이는 기억력을 담당하는 해마가 작은 것으로 나타났다. 학습에 있어 기억력은 곧 자신감이다. 정서가 불안하고 기억력이 떨어지는 아이는 다른 사람의 평가를 두려워하고 쉽게 포기하며 새로운 것에 도전하는 용기가 부족하다. 적절한 시기에 아이에게 필요한 영역의 발달이 이루어지지 못하면 아무리 열심히 공부해도 학습 능률이 떨어지고 성적이 잘 나올 수 없다.

그뿐 아니다. 부모의 지나친 학습 요구는 아이의 마음에 오랜 상처를 남긴다. 아이의 발달 과정보다 지나치게 앞선 학습을 시키면 따라가지 못하는 게 당연한데 부모는 계획대로 쫓아오지 못하는 아이를 재촉한다. "이것도 못 하면 어떡해"라는 부모의 걱정은 선행학습을 하는 아이가 많이 듣는 말이다. 한숨 섞인 부모의 말은 아이에게 '나는 아무것도 아니야'라는 낙인을 찍는다. 스스로를 아무것도 아니라고 생각하는 아이가 무엇을 할 수 있을까. 부모의 스쳐 지나가는 한마디가 아이에게는 치명상을 입힌다. 심한 경우 유아 우울증에 걸리기도 한다.

학업은 아이가 스스로 나아가야 하는 긴 여정이다. 7세까지의 시기에는 공부가 좋고 배움이 즐겁다는 정서를 키워줘야 한다. 미래에 대한 막연한 불안감으로 아이의 정서 발달을 과도한 선행학습으로 대체하면 결국 아이는 주도적으로 학습을 이끌어가지 못하고 주저앉고 만다. 선행학습을 시작하기 전에 아이의 건강한 마음을 채워주었는지를 먼저 확인하자. 그리고 아이에게 해주려는 것이 아이에게 정말 필요한 것인지, 아이가 원하는 것인지, 의미 있는 것인지 진지하게 성찰하고 고민하자.

'부모'가 아닌 '아이'에게 초점을 맞춰야 한다.

책 읽어주기의 기적

그렇다고 해서 초등학교 입학 전 선행학습이 불필요하다는 것은 아니다. 아이의 성장 시기에 따라 알맞은 발달과업이 있다. 아이의 발달이 균형 있게 이뤄질 수 있는 학습을 제공하자는 것이다. 선행학습은 아이의 현재 학습 수준보다 '조금 앞선' 단계를 공부했을 때 효과가 있다. 그리고 대체 불가한, 반드시 선행해 주어야 할 것이 있다. 독서다.

책 읽기는 공부라는 장거리 마라톤을 완주하게 해줄 가장 이상적인 선행학습이다. 하지만 정작 아이에게 필요한 독서는 뒷전이고 한글 떼기와 외국어, 수학에만 관심을 두고 있다면 순서를 바로잡아야 한다. 유아기의 독서는 부모가 아이에게 책을 읽어주는 방식이 가장 이상적이다. "책 읽어라"가 아니라 "책 읽어줄게"인 것이다. 아이를 안고 책을 읽어주면 평화로움과 안정감을 느끼게 하는 뇌파인 알파파가 증가한다. 아이의 공부 정서는 물론 부모와 아이의 관계도 더욱 돈독해진다.

아이가 초등학생이 되면 부모가 읽어주는 것과 아이가 직접 책 읽기를 번갈아 하는 것도 좋다. 아이의 뇌 회로에 독서 습관이 자리할 때까지 부모와 아이가 함께하는 독서는 계속되어야 한다. 세계를 쥐락펴락하는 유대인이 아이의 학습에 가장 많이 투자하는 방식이 잠자리 독서라는 사실은 책 읽어주기의 힘을 보여준다.

부모교육 강연에서 책 읽기의 중요성을 말할 때면 'Leader is Reader'를 강조한다. 세계가 주목한 우리 시대의 천재와 성공한 리더 중에는 독서광이 많다. 말 한마디로 세상을 움직이는 오프라 윈프리는 힘들었던 어린 시절, 책을 통해 미시시피강 너머에 희망이 있음을 알았고 "책은 자유를 향한 입장권"이라 말했다. 스티브 잡스는 가장 좋아하는 것으로 독서를 꼽으며 독서와 혼자만의 시간으로 새로운 일을 도모할 것을 강조했다. 빌 게이츠는 "나를 키운 건 동네 도서관"이라 했으며, 버락 오바마는 "8년간의 백

악관 시절을 견디게 한 힘은 독서"라고 했다. 워런 버핏의 아침 독서 또한 널리 알려졌다.

독서가 성적의 바로미터는 아닐지라도 학습에서 빼놓을 수 없는 중요한 역할을 한다. 그러니 순서를 바꾸자. 발달 단계에 맞지 않는 공부를 시키려 아이 뇌를 교란시키지 말고 '독서 뇌'를 먼저 활성화시켜주자. 책 읽어주기는 반드시 기적을 가져온다.

공부, 안 시켜야 잘한다

지식과 정보를 처리하는 전두엽의 발달이 활발하게 이루어지기 전인 유아기에는 과도한 학습보다 알고자 하는 호기심이 먼저다. 글자를 읽고 싶다는 마음, 글을 읽으니 재미있다는 경험을 모두 충족시키는 것이 그림책이다. 아이의 학습을 시작하고 싶다는 생각이 든다면 먼저 그림책으로 읽기에 대한 호기심을 불러일으키자. 공부는 '읽기' 없이는 불가능하다.

5~7세 유아가 배우는 누리과정에는 '의사소통' 영역이 있다. 듣기와 말하기, 읽기와 쓰기에 관심 가지기, 책과 이야기 즐기기 과정이다. 말이나 이야기를 관심 있게 듣고 자기 생각과 느낌을 말

하기, 주변의 글자에 관심 갖고 읽기, 궁금한 것을 책에서 찾아보고 이야기를 지어보기 등이다. 이것이 7세까지의 언어발달 목표다. 부모의 책 읽어주기는 이 모든 것을 충족시킨다. 유아기와 초등 저학년 학습의 뿌리인 셈이다.

유아기 발달 과정상 학습이라는 말 자체가 시기상조다. 굳이 유아기 학습이라는 표현을 써야 한다면 이 시기에 해야 할 학습(공부)은 놀고, 뛰고, 부모가 읽어주는 책을 통해 세상을 경험하는 것이다. 주인공에게 감정을 이입하며 정서적 지능을 높이고, 다양한 상황을 보고 들으며 세계를 체험하는 게 지식이 구조화되는 과정이다.

걸음마를 시작한 아이에게 뛰라고 하는 부모는 없다. 한 걸음 내디던 것만으로도 신기해 환호성을 지른다. 그러면서 공부에 있어서만은 발달상 맞지 않는 무리한 요구를 한다. 이제 막 걷기 시작한 아이에게 억지로 뛸 것을 강요하면 아이는 얼마 못 가 주저앉고 말 것이다. 주저앉은 아이는 일어서는 것조차 두려워하며 다시 걸을 엄두도 내지 못한다.

과도한 교육열로 생겨난 신조어 중에 '뒷모습 증후군Children's Back Syndrome'이라는 것이 있다. 자녀가 집에 있는 시간보다 학원 등에서 보내는 시간이 많아지면서, 아이의 얼굴보다 뒷모습이 더 익숙해진 사회현상을 말한다. 뒷모습 증후군은 자신의 아이가 다른 아이에 비해 상대적으로 뒤처질 것을 불안해하는 부모일수록 많이 느낀다. 아이를 더 많은 학원에 보내고 더 오랜 시간 책상에 앉아 공부하기를 종용하기 때문이다.

사춘기 이전까지 아이와 부모의 교감은 무엇보다 중요하다. 하지만 적절한 선을 넘은 학습은 아이의 정서발달을 방해하고 삶의 질을 떨어뜨린다. 마음이 안정되고 행복한 아이는 자신이 생각하는 것 이상의 일을 해낸다. 아이에게 무조건적인 학습을 강요하기보다 공부에 대한 동기를 부여해 주자. 아이의 공부 자존감을 높여 줄 것이다.

3

절대 공감은
만능열쇠가 아니다

규모가 제법 큰 카페에서의 일이다. 여유롭게 차를 마시고 있는데 소리를 지르는 아이의 목소리가 들렸다.

"싫어, 여기서 할 거야!"

아이가 카페에서 공놀이를 하겠다며 고집을 피우는 중이었다. 아이의 부모는 안 된다며 공을 빼앗았다. 그러자 아이는 그대로 바닥에 드러누워 울기 시작했다. 아이의 울음소리가 점점 커지기 시작했다. 아이의 아빠가 아이를 일으켜 세우고는 안고 어르며 케이크를 주기도 했지만 아이는 울음을 그치지 않고 입안의 케이크를 그대로 뱉어버렸다. 결국 부모는 '딱 한 번만' 공을 차야 한다고 말했다. 아이의 마음을 알아주고 행동을 허용한 것이다. 그러자 아이는 울음을 그치고 공을 뻥 찼다. 설마 했던 일이 벌어졌다. 카페 직원이 달려왔고, 부모는 미안하다며 아이가 너무 어려서 그렇다고 했다.

그 모습을 보며 얼마 전 상담이 생각났다. 20대 후반의 자녀를 둔 엄마가 상담을 요청했다.

"딸이 어렸을 때부터 몸이 약해서 잔병치레도 많았고 자주 아팠어요. 부모 입장에선 다른 애들처럼 평범하게 생활할 수 없는 게 안쓰러워서 하고 싶은 것은 다 해줬어요. 그런데 날이 갈수록 짜증만 늘더라고요. 몸이 아프니 마음도 아플 거고 그래서 딸의 힘든 마음이 공감되면서도 물건 사는 걸로 스트레스를 풀어서 솔직히 부담되기도 해요. 그동안 부모로서 한다고 했는데 딸애의 마음을 완벽하게 읽어주지 못하는 부족한 엄마인 것 같아요. 어떻게 하면 딸의 마음을 읽어주는 좋은 엄마가 되고 서로 행복할 수 있을까요."

절절한 상담을 들으며 '마음을 읽어 준다'라는 말의 의미에 대해 다시 생각했다. 엄마는 마음을 읽어주는 것을 자녀의 감정 쓰레기통이 되는 것으로 여기는 듯했다. 30년 가까이 아이에게 공감하기 위해 노력해 왔음에도 스스로 공감이 부족하다고 자책하는 모습에 과연 부모와 아이 사이의 공감은 어디까지인지 다시금 돌아보게 되었다.

지나친 허용과 과도한 공감의 함정

공감은 아이의 상황과 아이가 느끼는 기분을 이해하는 것이지, 아이의 모든 행동을 감싸주고 허용하는 것이 아니다. 몸이 아파서 뜻대로 되지 않아 짜증이 나는 마음을 알아주는 것은 공감이지만 마음껏 짜증을 내도 괜찮다며 무조건 받아주는 것은 공감이 아니다. 앞서 상담을 요청해 온 부모는 과도한 공감으로 자녀와 감정을 주고받는 관계에서 벗어나 어느새 일방적으로 무조건적인 이해와 포용을 강요당하는 처지가 돼버린 것이다.

공감은 타인의 마음을 이해하고 자신을 성찰하는 노력으로 이어진다. 아이는 부모와의 교감을 통해 상대의 감정을 이해하거나 상대가 느끼는 상황이나 기분을 비슷하게 경험하며 사회인지 발달을 한다. 다른 사람의 생각이나 감정을 자신의 내부로 옮겨 동질의 심리적 과정을 경험하는 이 능력은 3세 이후부터 서서히 가능해진다. 하지만 다른 사람의 생각, 감정 같은 복잡한 심리 상태를 이해하고 추론하는 능력은 쉽게 얻어지지 않는다. 공감은 인간이 평생 이뤄야 할 발달과제일 정도로 중요하고도 발달시키기 어려운 능력이다. 때문에 부모는 아이의 공감 능력을 발달시키기 위해 노력한다. 그러다 보니 의도치 않게 과도한 수용의 태도로 지나친 공감을 하는 경우도 있다.

'너의 어떤 마음이라도 다 알고 받아줄게'라는 부모의 과도한 공감의 씨앗은 아이에게 '내 마음대로 해도 된다'라는 고집으로 전해져 싹을 틔운다. 과도한 공감에 길들여진 아이는 자신에게만 몰입된 사고와 시각을 갖게 된다. 자기중심성이 지나치게 높은 아이는 자신의 생각과 조금이라도 어긋나는 외부 자극에 방어적인 태도와 공격성을 보이기도 한다. 넓은 시야를 형성하는 것을 방해하며 창의성과 사고력 발달에도 부정적 영향을 준다. 학습에 한창 몰입해야 하는 시기에 남들보다 그 성과가 더디게 나타날 수도 있다.

상대가 자신의 상황과 감정을 받아들여 주지 않으면 더 이상 관계를 이어가지 않으려고도 한다. '내 마음을 몰라주다니, 속상해!' 하며 자신의 마음을 알아줄 것을 강요한다. 이런 왜곡은 아이의 학교생활, 수업 태도, 친구 관계에 영향을 준다. 자신의 말과 행동을 통제하거나 절제할 필요를 못 느끼는 아이는 어디 가든 환영받지 못하고, 스스로 적응하기보다는 핑계 대기에 바쁘다. 어떤 상황에서 어떤 행동을 해야 적절한지 모른 채 맘대로 행동하는 눈치 없고 분별력 없는 아이가 되는 것이다. 친구에게 배척당하기 쉽고, 교실에서는 지적받는 아이가 된다. 지나친 허용과 과도한 공감으로 키워진 아이는 '모든 사람이 자신을 이해할 거야'라는 판타지를 가지며 이 환상이 깨지면 상황과 사람을 원망한다.

결국 부모가 아이에게 보내는 과도한 공감은 오히려 아이의 공감 능력을 떨어뜨린다. 자신을 이해해 주지 않는다는 사실을 이겨내지 못한 아이는 불안, 우울, 긴장을 느끼며 정서적 불안은 학습 능력을 떨어뜨린다. 공감은 아이가 세상과 맞추어 가는 능력이기도 하다. 이해받으려고만 하는 기대가 아니라 마음을 읽고 이해해 주려는 마음이 제대로 된 공감 능력이다. 세상은 내 아이에게 맞춰주지 않는다. 과도한 공감이 더욱 문제가 되는 것은 아이의 분별력을 떨어뜨리고 학습을 방해하기 때문이다.

분별력을 키우는 공감과 지시

유아기 아이들의 세계는 빼앗고, 뺏기며, 때리고, 양보 안 하는 무질서의 모습을 보이곤 한다. 초등학교 저학년 교실에는 자신을 알아주길 바라는 고만고만한 또래들이 모여 있다.

"선생님이 내가 손들었는데도 안 시켜줬어."

"친구들이 나하고 안 놀아줘."

아이들의 불만은 모두 '남의 잘못'에 기인한다. 우리 아이는 이런 또래들과 모여 공부하고 있다. 이런 세계에서 아이가 잘 적응하며 교실 생활을 성공적으로 해내야 하는 것이다. 그런데 자기 마음대로 하면서 자신을 알아주고 공감해 주길 바라는 아이의 학교생활이 즐거울까? 수업에 잘 집중할 수 있을까? 성적의 결과를 떠나 선생님과의 관계, 친구들과의 관계를 잘 맺어야 배움(공부)이 즐겁다.

부모로서 아이의 모든 것을 여과 없이 모두 받아주지는 않는지 돌아보자. '언제든 누구든 나를 알아주고 내 마음을 읽어주겠지'라는 아이의 과도한 기대는 공부 자존감을 방해한다. 생각대로 되지 않으면 분별력을 잃게 되고 이는 사고력에도 영향을 주기 때문이다. 아이가 학교에서 공부에 집중하기 위해서는 부모가 '공감과 지시의 균형'을 잘 잡아야 한다.

엘리베이터에서 모든 층의 버튼을 누르는 아이에게 "○○아, 재미있어? 우리 ○○이 이제 숫자도 잘 아네!"라고 칭찬하듯 부추기는 부모. 아이가 카페에서 소리 지르며 돌아다니는데도 "그렇게 좋아?"라며 제지는커녕 오히려 호응해 주는 부모, 아이의 잘못으로 친구와 다툼이 일어났는데도 "우리 ○○이가 기분이 나빠서 그랬구나"라며 아이의 입장만 생각하는 부모.

이는 공감 육아가 아니다. 분별력을 키우지 못하는 육아다. 이럴 때는 공감 대신 정확하게 말하고 지시해야 한다. 지시指示는 권위적인 명령이 아니라 '올바른 방향을 가리키고 알려주는 것'이다. 아직은 방향을 잘 모르는 아이가 발길 닿는 대로 가고 있다면 위험한 길인지, 가면 안 되는 길인지를 알려주는 게 부모의 역할이다. 무조건 공감만 하고 끝내지 말고 분별력과 절제력을 키워주어야 한다.

엘리베이터 버튼을 누르는 아이의 손을 잡으며 "아무 층이나 누르면 안 돼. 우리가 갈 층만 누르자"라고 말하는 부모, 카페에서 뛰어 다니는 아이를 제지하며 "여기서 뛰면 안 돼. 앉아 있어야 해"라며 올바른 행동을 가르쳐주는 부모, 친구와 싸웠다는 아이의 이야기를 모두 들어준 다음 아이의 실수와 잘못을 짚어주며 친구와 화해할 방법을 함께 고민해 주는 부모.

진정한 공감이란 이처럼 아이의 감정을 읽어주고 상황을 설명하며 대안을 제시하는 것이다. 부모가 공감과 지시의 균형을 잘 잡으면 아이의 분별력과 절제력을 키울 수 있다.

초등학교 저학년 교실의 룰은 앉아서 집중하는 수업 시간 40분, 쉬는 시간 20분이다. 앉아서 집중한다는 것은 수업 태도와도 연결된다. 선생님 말에 귀 기울이며 수업 시간이 지루해도, 돌아다니고 싶어도, 친구와 장난하고 싶어도 참고 견디며 집중하려고 노력해야 한다. 이것이 바로 수업 시간에서의 분별력이다. 이렇게 참고 견디는 것은 '내 맘대로, 내가 하고 싶은 대로만 하면 안 되는 것'을 배워야 가능하다. 아이가 학교에서 경험하는 학습 과정에서 자신의 감정과 행동을 조절하고 수업에 집중할 수 있도록 공감과 지시의 균형을 잘 잡아야 한다.

4

공부는 만만해
보여야 한다

"배운 거잖아. 도대체 정신을 어디에 둔 거야?"

"꿈이 그것밖에 안 돼? 욕심 좀 가져봐!"

"이제 너한테 공부하라는 말 안 할게, 맘대로 살아."

"어쩜 그렇게 이기적이니?"

"그럴 줄 알았어. 말 안 듣더니 잘 됐다."

"이것도 몰라?"

"엄마도 몰라. 알아서 해"

"하라는 말 안 하면 생전 알아서 안 하지!"

"이제 네 엄마 안 할 테니까 네 맘대로 해."

"널 왜 낳았는지 모르겠다."

읽기만 해도 우울하고 화가 나는 이 문장들은 부모교육 강연에서 아이에게 했던 모진 말을 조사한 것이다. 그런데 살펴보니 공부, 성적과 연관된 말이 많았다. 부모 자신도 모르게 아이를 낮추고 평가하는 기준이 공부가 되어버린 것이다.

마음의 문을 닫아버린 아이에게

부모는 뒤돌아서서 잊어버리는 모진 말이지만 아이에게는 마음의 문을 닫아버리는 원인이 된다. 아이가 마음의 문을 닫으면 부모의 말이 전해지지 않는다. 부모는 아이가 학습에 무기력한 모습을 보일 때, 집중하지 않을 때, 스스로 공부하는 모습을 보이지 않을 때 자신도 모르는 사이 모진 말이 더 많이 나온다고 했다.

비난이나 판단하는 말로는 아이의 행동이나 태도를 바꿀 수 없다. 오히려 마음을 닫게 할 뿐이다. 살아 있는 조개의 입을 억지로 벌리려고 날카로운 칼을 조개의 틈 사이로 들이민다고 조개가 입을 열까. 굳게 다물 뿐이다. 하지만 조개를 소금물에 담그고 기다리면 조개는 꽉 다물었던 입을 저절로 연다. 게다가 숨겨뒀던 불순물을 알아서 토해내기까지 한다.

이러한 조개 해감법을 아이의 공부에 응용해 보면 '억지로'가 아닌 '스스로' 공부하는 방법을 찾을 수 있다. 공부하기 싫은 아이에게 억지로 날카로운 말을 들이밀며 책상에 앉힌다고 공부하지 않는다. 그저 부모의 날카로운 말과 시선이 싫어서 책상에 앉아 공부하는 척할 뿐이다. 부모가 먼저 공부가 싫은 아이의 마음을 알아주고 믿어주는 말을 하면 공부에 대한 마음이 열린다. 아이는 스스로 책상에 앉아 책을 펴고 자신을 위한 공부를 한다.

모진 말과 차가운 행동으로 상처 주며 아이에게 공부를 강요하면 아이는 부모의 날카로운 말에 상처 입을 뿐이다. 아픈 마음으로 공부가 잘될 리 없다. 아이가 자발적으로 공부하기를 원한다면 말로 찌르지 말자. 아이가 스스로 공부할 마음을 열도록 먼저 보듬어주자.

능력과 난이도가 적절해야 몰입이 가능하다

공부는 앞으로 아이와 부모 사이에 빈번하게 오고 갈 주제다. 마음의 문을 닫게 하는 말이 쌓이면 아이는 공부를 부모와 자신을 갈라놓는 방해꾼으로 여긴다. 내 아이가 공부에 관한 마음의 문을 닫지 않길 바란다면 먼저 부모가 아이에게 요구하는 학습 수준에 관해 집중적으로 살펴보자.

공부 때문에 아이에게 잔소리를 많이 하는 부모라면 아이의 학습 난이도를 체크하는 것이 좋다. 아이가 공부하기 싫어하거나 열심히는 하는데 결과가 좋지 않다면 현재의 학습 과정을 파악해보자. 아이의 학습 능력과 문제의 난이도가 적절한지 확인하는 것이다. 만약 아이가 초등학교 2학년 과정을 공부하는데 계속해서 실수하고 틀린다면 현재 능력에 비해 높은 수준의 학습 때문에 좀처럼 진도가 나가지 않을 가능성이 높다. 이때는 그보다 한 단계 낮은 과정의 공부를 시켜보자. 아이가 할 수 있는 공부를 시키면서 천천히 난(이)도를 높여가야 한다.

미국의 심리학자이자 '몰입'의 개념을 정립한 미하이 칙센트미하이Mihaly Csikszentmihalyi는 '능력과 난이도가 적절할 때 몰입이 가능하다'라고 강조한다. 들어도 모르겠고 읽어도 모른다면 문제에 집중할 수 없다. 풀리지 않는 문제를 보며 아이는 무슨 생각을 할까? 아무리 들여다봐도 모를 문제를 앞에 둔 채로 집중 못하는 아이에게 "넌 할 수 있다"라고 격려한들 아무런 도움이 되지 않는다. 시간은 흐르고 점점 지루해질 뿐이다. 아이는 자신의 무능함을 느끼며 자괴감에 빠져 공부는 재미없고 지겹기만 하다고 생각한다. 그런 아이의 상황도 모른 채 "할 수 있지? 20분이면 될까?" 하고 나서 약속한 시간이 되어 아이 방에 들어갔다고 하자. 여전히 풀지 못하고 풀이 죽어 앉아 있는 아이를 보면 모진 말이 저절로 나온다.

"이것도 몰라? 어제 배웠잖아. 믿은 내가 바보지."

아무 도움도 되지 않는 냉정한 말은 아이의 가슴을 찌른다. 아이에겐 문제가 없다. 문제는 아이에게 맞지 않는 난이도에 있다. 아이의 학습 능력이 문제라면 해결하는 법은 하나뿐이다. 아이가 자신의 능력에 맞는 공부를 하면 된다. 부모는 아이가 현재 학교에서 배우는 학습 과정은 당연히 모두 이해하고 있을 거라 생각한다. 그리고 이를 학습 난이도의 최소한의 기준으로 삼는다. 물론 그 이상의 수준을 욕심내는 부모도 많다. 아이의 공부는 선행학습이 당연하다고 생각하기 때문이다.

아이가 초등학교 2학년이지만 학습 능력은 아직 1학년에 머물고 있다면 그 수준에서 접근해야 한다. 그 과정을 제대로 익혀야 아이는 제 수준으로 올라갈 수 있다. 그런데 선행학습에만 급급해서 한 계단씩 오르지 않고 두 계단씩 올라가라며 아이의 엉덩이를 받친다면 얼마 못 가 아이와 부모 모두 지치고 만다. 끝내 아이는 공부할 마음을 닫아버린다.

공부를 시킬 때도 TPO가 있다

"너 2학년이야. 곧 3학년 되잖아. 이 실력으로 어떻게 할래?"

엄마와 아이 모두에게 독이 되는 말이다. 아이의 수준이 현재의 교과 활동에 못 미친다고 해서 아이의 부족함을 드러낼 필요는 없다. 여기서 힘을 빼면 다음 단계로 나아가기 힘들다. 이때는 1학년 과정을 처음부터 다시 복습하는 게 좋다.

초등학교 저학년 공부는 평지를 걷는 수준이어야 한다. 그래야 공부가 쉽고 만만하다고 생각하며 도전하고 싶다는 마음을 먹는다. 고학년은 그보다 조금 가파른 오르막길 정도다. 중학교에 입학하면서 공부는 등산 수준의 과정이 된다. 학년이 오를수록 점점 높은 산을 목표로 끊임없이 위로 향하는 것이다. 그런데 평평한 길을 걸어야 할 아이에게 자꾸만 오르막길을 오르라고 재촉하면 시작할 엄두조차 내지 못한다. 초등학교 저학년 아이에게 공부는 만만해 보여야 한다.

내 아이의 공부 TPO를 맞춰주자. TPO는 시간Time, 장소Place, 상황Occasion에 맞춰 옷을 착용해야 한다는 뜻이지만 공부에도 적용할 수 있다. 아이의 발달단계(시간), 공부 환경(장소), 학습능력(상황)에 따라 적절한 수준을 파악해야 한다.

아이는 처음부터 태산을 오를 수 없다. 평지에서 오르막길, 동네 뒷산, 등산으로 이어지는 단계를 차례로 거쳐야 잘 오를 수 있다. 초등학교 저학년까지는 학습 수준만 높이려 하기보다 공부를 대하는 아이의 태도에 초점을 맞추자. 아이가 공부에 지치지 않으려면 먼저 아이가 공부에 열린 마음을 갖는 것이 중요하다. 공부가 만만해 보이도록 수준을 맞춰야 한다.

만약 학습 속도가 느리다는 이유로 아이의 마음을 아프게 하는 말을 했다면, 즉시 사과하는 게 좋다. 때를 놓쳤다면 잠자리에 들기 전에는 풀어줘야 한다. 몸과 마음을 어루만져주며 사과해야 다음도 기약할 수 있다. 마음의 문은 언제든지 닫힐 수 있지만, 언제든지 열릴 수 있는 것은 아니다. 아이 마음의 문이 닫히면 학습의 문도 닫힌다. 아이를 낮추면 성적도 낮아진다.

(Tip) 감정 쓰레기통 만들기

화, 분노, 슬픔, 고통과 같은 부정적인 감정을
아이에게 쏟지 않아야 한다는 것을 알지만
그렇다고 그 감정을 고스란히 껴안고 갈 수도
없다. 이런 감정은 적절히 표출해야 앙금처럼
쌓이지 않는다. 감정 해소를 위해 '우리 집 감정 쓰레기통'을 만
들어보자.

종이를 담을 만한 빈 통을 집 안에서 가장 잘 보이는 곳에 두
고 부정적인 생각이 들 때마다 종이에 적어 그 통에 버린다. 무
엇 때문에 화가 났는지 그래서 지금 내 마음이 어떤지를 자세
하게 적는다. 표출의 과정이다. 다만 상대를 비난하거나 상대의
감정을 상하게 하는 상처 주는 방식으로 감정을 표출해서는 안
된다는 약속을 정하자. 자신의 솔직한 감정을 돌아보고 그것을
더 이상 마음에 남겨두지 않고 버린다는 생각으로 표현하는 것
이다.

감정 쓰레기통은 부모와 아이 모두 참여하는 게 좋다. 부정적인
감정을 건강하게 해소하고 감정을 적절하게 표현하는 방법을
배울 수 있다.

5
아이를 죄책감에
빠뜨리지 말자

  미국의 심리학자 에릭 에릭슨Erik Erikson은 아동기 중 5~6세를 '주도성 vs 죄책감의 시기'라고 했다. 이 시기 아이는 스스로 해보려는 의지를 많이 보인다. 언어를 사용할 수 있고, 자신의 신체를 이용해 혼자 할 수 있는 일도 점점 늘어난다. 여기에 끊이지 않는 호기심이 더해지면 아이는 모든 것을 주도적으로 성취해 나가고 싶어 한다.

  그런데 이 시기에 아이가 주도하는 행동이 사회적으로 또는 도덕적으로 바람직하지 않은 방식일 때가 있다. 부모는 그런 아이를 제재한다. 이때 아이의 행동을 막는 부모의 반응이나 표현이 부드럽지 않거나 일관적이지 않다면 아이는 자신감을 잃는다.

또한 아이가 자신의 행동에 대해 지나치게 제한을 받거나 잘못을 지적받으면 '나는 잘 못하는 아이야', '나 때문이야'라며 죄책감을 느낀다.

아이가 들은 부정적인 말은 아이의 내면에 쌓여 모든 행동에 영향을 준다. '이걸 해도 될까?', '또 혼나는 건 아닐까?'라며 자신의 의지보다 눈치를 먼저 살핀다. 다른 사람의 평가에 자신을 맞추기 위해 불필요한 노력을 하기도 한다. 주눅 든 모습을 자주 보이는 아이는 타인과 관계 맺는 것을 어려워하고 낯선 환경에 쉽게 적응하지 못한다. 눈치꾸러기가 되는 것이다.

자신의 잘못을 뉘우치고 책임을 느낀다는 것은 살아가면서 꼭 필요한 감정이지만 아이에게는 버거울 수 있다. 아이들은 미숙하기 때문에 행동이 서툴 수밖에 없고, 크고 작은 실수를 연발하면서 수많은 죄책감을 느낀다. 아이가 죄책감에 노출될수록 자신이 아닌 다른 사람의 잘못에도 스스로를 탓한다.

부모는 아이가 언제나 좋은 생각과 만족스러운 감정만 느끼고 살아가기를 원한다. 사랑하는 아이가 자신의 실수나 잘못에 죄책감을 느끼고 힘들어하면 부모의 마음이 아프다. 그런데 아이를 죄책감에 빠지게 하는 말을 가장 많이 하는 사람이 부모다.

아이를 죄책감에 빠뜨리는 부모의 말 1

아이와 함께 모임에 다녀오는 가족의 표정이 어둡다. 엄마와 아빠는 불편한 표정이고, 아이는 침울해 보인다. 엄마의 말이 날카롭게 아이 마음에 꽂힌다.

"모임에서 엄마는 할 말이 하나도 없더라. 네가 잘했으면 엄마도 얼마나 신나서 자랑했겠어. 그러니까 공부 좀 하랬잖아."

옆에서 거드는 아빠의 말은 아이를 더 아프게 한다.

"당신도 할 말 없어. 그 엄마는 직장 다니면서 애 키우는데도 애가 얼마나 잘해. 당신은 집에만 있으면서 애 하나도 제대로 못 가르쳐? 돈 들여서 학원 보내봤자 하나도 소용이 없어."

말다툼하는 부모를 보며 아이는 생각한다.

'엄마 아빠는 내가 부끄러웠구나. 나는 왜 이렇게 못났을까.'

언제 불똥이 튈지 몰라 불안하고 초조하기도 하다. 아이의 죄책감은 점점 커진다.

집에 돌아온 아이는 책상 앞에 앉아 '바보 바보 바보'만 끄적인다. 잠시 후 엄마가 식사 시간이라며 아이를 부른다. 잔뜩 시무룩해진 아이는 방 안에 웅크린 채로 "엄마, 나 배 안 고파"라고 말한다. 아이의 말을 못 들었는지 엄마가 방문을 열고 들어오다 웅크린 아이를 본다. 문을 닫으며 돌아서는 엄마의 혼잣말이 아이의 귓가에 맴돈다.

"뭐 하나 마음에 드는 게 없어. 그런 말 듣기 싫으면 공부를 잘 하든지. 힘내서 공부하라고 저 좋아하는 것 좀 만들었더니…. 아무튼 맞지를 않아요."

"사내 녀석이 성격까지 저 모양이니…"

아빠와 엄마가 식탁에서 나누는 대화가 또렷이 들린다. 아이는 생각했다.

'차라리 태어나지 않는 게 나았을걸.'

아이를 죄책감에 빠뜨리는 부모의 말 2

모처럼 아이가 엄마에게 응석을 부리려고 했던 걸까, 아니면 그날따라 유난히 피곤했던 걸까. 아이가 "엄마, 나 오늘만 학원 안 가면 안 돼? 학원 계속 다녀야 해?"라고 말했다. 학원을 보내기 전 나름 신중했다고 생각한 엄마는 아이의 말에 "뭐?"라고 뾰족하게 반응했다. 일방적으로 학원에 보낸 것도 아니고 아이와 함께 의논하고 의견을 존중하며 '최소한 3개월 이상은 다니겠다'라는 약속을 받은 후 결정한 일이었다.

초등 저학년은 한두 달 다니다가 그만두는 일이 많으니 '최소 3개월'이라는 약정 기간도 정했고, 학원비에 대해서도 말했다. 여러 면에서 뿌듯한 결정이라고 믿었는데 아이가 "학원 계속 다녀야 해?"라고 물으니 황당하기도 했다. 화가 났던 이유는 엄마 나름의 최선이 무너졌기 때문이다. 엄마는 아이를 불러 앉혔다. 그리고 실망스러운 목소리로 브리핑하듯 아이에게 말했다.

"이현석, 잘 들어. 첫째, 네가 학원 다니고 싶다고 했어. 둘째, 엄마의 억지 선택이 아니라 학원도 네가 선택했어. 셋째, 3개월 이상 다닌다고 했어. 그런데 다닌 지 두 달도 안 돼서 학원 다녀야 하냐고? 넷째, 학원비가 얼마지?"

싸늘한 표정으로 아이를 보던 엄마가 아이의 학원 가방을 낚아채며 말했다.

"그만둬. 돈이 남아도는 줄 알아? 그렇지 않아도 아빠한테 너 비싼 학원 보냈다고 엄마도 한마디 들었거든? 다 그만둬."

아이는 울기 시작했다.

"엄마 잘못했어요. 너무 어려워서 그랬어. 따라가기 힘들어. 숙제도 많고 너무 힘들어."

아이 딴에는 자기 마음을 말한 건데 돌아온 엄마의 반응이 너무 무서웠던 것이다. 아이의 말을 들은 엄마는 더욱 냉정하게 말했다.

"듣고 보니 더 실망이네. 비싼 학원에서도 못 따라가면 학교에서는 따라가니? 그동안 몸만 왔다갔다한 거야? 다 그만둬! 내가 잘못 키운 걸 누굴 원망해! 엄마가 잘못한 거지?"

엄마는 언성을 크게 높이지는 않았지만 매서운 말투로 말했다. 아이를 죄책감에 빠지게 하는 엄마 특유의 자책과 절망이 묻어나는 말투였다. 이번에는 엄마를 자책하는 말까지 나왔다.

"엄마가 지금까지 뭐 한 거니? 엄마가 바보짓 했다."

엄마는 아이에게 엄청난 죄책감을 주는 말을 서슴없이 했다. 죄책감에 빠진 아이가 희망적인 목표를 세우기 어렵다는 사실을 알고 있을까.

부모의 말은 안전해야 한다

부모는 때로 엉뚱한 바람과 착각을 한다. 아이가 부모의 의도를 제대로 알아주었으면 하는 바람과 부모가 한 말의 의도를 제대로 알아들을 거라는 착각이다. 그래서 아이에게 에둘러 말하거나 꼬아서 말하기도 한다. 부모의 숨은 마음을 아이가 읽을 것이라고 생각하며 말이다.

앞의 이야기에서 "내가 잘못 키운 걸 누굴 원망해! 엄마가 잘못한 거지?"라는 말을 들은 아이가 과연 '그래, 부모님이 자랑할 만큼 공부를 더 열심히 하자'라고 생각할까? "그만둬. 돈이 남아도는 줄 알아?"라는 말을 들으면서 '아, 엄마 아빠가 힘든데 나를 위해 비싼 학원비를 내는구나. 열심히 다녀야겠다'라고 결심할까? 그저 죄책감만 커질 뿐이다.

부모의 말 "내가 잘못 키운 걸 누굴 원망해!"
아이의 죄책감 잘못 자란 못난 나.

부모의 말 "그만둬. 돈이 남아도는 줄 알아?"
아이의 죄책감 돈이나 낭비하는 한심한 나.

아이를 죄책감에 빠뜨리는 사례를 보면서 친정엄마와의 문제로 상담한 어느 엄마의 일화가 떠올랐다. 어렸을 적 아버지 때문에 고생했던 엄마가 어느 날 저녁, 자녀들을 앉혀놓고 이런 말을 했다고 한다.

"엄마가 너희 때문에 참고 사는 거야. 너희가 엄마 말 안 들으면 엄마 도망갈 거야."

그러면서 자식들을 부둥켜안고 통곡했다. 어느 날은 오빠가 말썽을 피우자 "속 썩이면 엄마 죽을 거야"라고도 했는데 그날의 공포가 평생 잊히지 않는다는 것이다. 언젠가 엄마 옆에 소화제 병이 놓여 있었는데 그게 독약이라는 생각이 들어 엄마 앞에서 두 손을 싹싹 빌며 울었던 기억도 남아 있다. 지금도 친정엄마를 보면 그때 느꼈던 무서움과 죄책감이 문득 떠오른다고 했다. 그런데 자신과 형제들이 어른이 되어 그때 이야기를 하는데 세 남매가 받아들인 당시의 상황이 서로 달라서 놀랐다고 한다.

첫째 아이 아버지는 정말 나쁜 사람이야. 우리 엄마를 그렇게 힘들게 하다니.

둘째 아이 엄마가 불쌍해. 우릴 위해 너무 고생하잖아. 근데 도망가면 어떻게 하지.

셋째 아이 엄마, 엄마 죽지 마. 죽으면 안 돼. 엄마 나 무서워.

같은 말과 상황도 자녀의 성향에 따라 다르게 해석한 것이다. 불안과 죄책감으로 떨기도 하고 누군가를 미워하기도 하며 원망하기도 했다.

부모의 기대를 충족하지 못했다고 해서 느끼는 미안함은 아이에 따라 발전에 긍정적으로 작용할 수도 있다. 하지만 정도가 지나쳐 죄책감으로까지 이어진다면 아이는 제 능력을 발휘하지 못한다. 죄책감에서 빠져나오기 위해 모든 에너지를 쏟아야 하기 때문이다.

사람은 언제나 핑계를 찾으려는 본능을 가지고 있다. 부모로부터 상처 받은 아이는 그 핑계를 찾으려 노력한다. 아이가 찾을 수 있는 핑계는 많지 않다. '부모에게 문제가 있어서 이런 일이 일어났다'와 '나에게 문제가 있어서 이런 일이 일어났다'라는 두 가지다. 아이들은 보통 자신에게서 이유를 찾는다.

그리고 이 죄책감은 쉽게 지워지지 않는다. 아이에게는 이미 나는 부족하고 잘못된 사람이라는 심리가 내재되었기 때문이다. 언제든 자신이 부족하다는 사실을 들킬까 봐 불안함도 느낀다. 때문에 무엇도 마음 편하게 할 수 없다. 공부는 물론이고 친구들과 노는 것에도 자신이 없다. 우리가 하는 모든 생각과 감정, 행동의 기저에는 과거에 형성된 심리기제가 계속해서 작동한다. 그러므로 부모의 말은 안전해야 한다. 아이를 죄책감의 늪에 빠뜨리지 말자.

아이의 죄책감 치유해 주기

그렇다면 어떻게 해야 아이가 죄책감을 느끼지 않도록 가르칠 수 있을까? 무조건적인 허용과 인정이 아이의 자존감을 높여주고 적극적이고 창의적으로 성장하게 하는 것은 아니다. 부모에게는 아이가 사회에 적응할 수 있도록 기본적인 규칙을 알려줘야 할 의무가 있다. 그 외의 것들은 아이가 할 수 있을 때까지 기다려주고 해낼 수 있도록 격려하며 도와줘야 한다. 만일 아이가 잘못했다면 감정에 치우쳐 화를 내기보다 함께 원인을 찾고 해결 방법을 고민하며 도와주는 것이 좋다. 아이의 건강한 자아 발달을 위해서는 아이가 스스로 잘못한 것을 수정하고 실수를 고쳐나갈 수 있는 경험을 하는 것도 중요하다. 아이에게 죄책감을 남기지 않는 훈육을 위한 세 가지 철칙을 기억하자.

첫째, 부모의 마음을 건강하게 표현하자. 독설은 아이를 바꿀 수 없다. 그저 죄책감에 빠뜨릴 뿐이다.

둘째, 아이는 부모의 숨은 마음을 읽지 못한다. 돌려 말하지 말고 솔직 담백하게, 인격을 존중하며 말하자.

셋째, 부모의 역할은 아이를 죄책감에 빠지게 하는 게 아니라 당당하게 성장하도록 돕는 것이다.

만일 아이가 스스로 죄책감에 빠져 있다면 어떻게 할까? 아이 잘못이든 주위 상황에서 비롯된 것이든 죄책감은 성장에 걸림돌이 된다. 이럴 때 부모는 잘못하거나 실수한 점을 가르치기보다 심리적 완충재, 즉 스펀지 같은 역할을 해야 한다. 상처가 덧나지 않도록 발라주는 연고 같은 말이 필요하다. 아이가 느끼는 감정에 대해 부모의 언어로 차분히 말해 주자.

"사람이 발전할 수 있는 것은, 자신의 행동을 되돌아볼 수 있기 때문이야."

"지금 느끼는 감정들로 마음이 힘들 거야. 엄마 아빠도 느껴봐서 알 것 같아."

"이런 감정(기분)을 느낀다는 건, 네가 그만큼 책임감이 강한 사람이라는 증거야."

"누구나 실수할 수 있어. 지금 마음은 힘들지만 이번 계기로 더 나아질 수 있어. 천천히 털어내고 발전된 모습을 보이자."

부모 덕분에 죄책감을 극복한 아이는 같은 실수를 반복하지 않기 위해 더 노력한다.

6
아이는 부모의 말을
평가한다

엄마가 외출해서 돌아왔는데 아이가 TV를 보고 있다. 엄마는 아이에게 어떤 말을 했을까.

부모 1

"너 또 텔레비전 보는 거니? 네가 공부하는 꼴을 못 봤어. 텔레비전 끄고 공부 안 하니? 나 좋으라고 공부하는 건 줄 알아?"

"또 잔소리, 진짜 지겨워."

"너 지금 뭐라고 그랬어? 너 그게 엄마한테 할 소리야?"

"알았다니까, 공부하면 되잖아!"

3. 아이의 공부 자존감을 높여주는 결정적 조건

부모 2

"오늘 계획한 공부를 다 했나 보구나. 놀고 싶었을 텐데 참고 공부하느라 힘들었지?"

"아니에요. 저 아직 계획표대로 다 하지 않았는데요."

"그랬니? 그럼 지금 텔레비전이 정말 재미있나 보네."

"네. 이거 끝나면 아까 하던 공부 마저 할게요."

같은 상황인데도 두 엄마가 아이와 대화하는 방향이 너무 다르다. 위의 이야기는 중학교 1학년 교과서에 실린 내용이다. 부모 교육 강연에서 첫 번째 대화를 들려주면 가지각색의 반응이 나온다. '내가 저렇게 말한다고?', '설마 아이가 TV 좀 본다고 저렇게 몰아붙이는 말을 할까?'라는 표정이다. '아이가 저러고 있으면 기운 빠지긴 하지'라고 말하는 부모도 있다. 저마다 다른 반응이지만 공통적인 의견은 부모의 말이 잘못됐다는 것이다. 좋은 말이 나올 수 없는 상황이지만 그래도 저렇게 말할 필요는 없다고 입모아 말한다.

두 번째 대화는 강연에 참석한 부모와 함께 읽어본다.

"오늘 계획한 공부를 다 했나 보구나. 놀고 싶었을 텐데 참고 공부하느라 힘들었지?"

이 문장을 읽는 부모들은 조금 어색하다는 표정이다. '정말 이렇게 말하는 부모가 있다고?'라고 생각하며 낯간지러운 말을 하는 기분이라고 말하기도 하고, 화내지 않는 것도 힘든데 어떻게 이렇게 다정하게 말할 수 있느냐며 궁금해 한다.

교과서 속 이상적 대화 같지만 실제로 이렇게 말하는 부모도 많다.

아이는 자신보다 부모를 먼저 평가한다

아이가 해야 할 공부를 마치지 않았다는 것에만 집중하면 부모 1처럼 말하게 된다. 아이의 행동을 평가하기 때문이다. 하지만 부모만 아이의 말과 행동을 파악하고 옳고 그른지를 판단하는 것이 아니다. 아이도 부모를 판단하고 평가한다. 부모 1의 말은 부모의 진심을 전달하지 못한다. 아이에게 부모의 바람과 진심을 전달하고 싶다면 부모 2처럼 적어도 아이가 부모를 소통할 수 있는 사람, 대화가 통하는 사람이라고 여기도록 말해야 한다.

교과서의 장면으로 돌아가 보자.

"너 또 텔레비전 보는 거니? 네가 공부하는 꼴을 못 봤어. 텔레비전 끄고 공부 안 하니? 나 좋으라고 공부하는 건 줄 알아?"

이 말에 아이를 향한 부정적 의미가 얼마나 많이 담겨있는지 알고 보면 놀랍다. 먼저 '너 또'라는 두 음절에는 오늘뿐 아니라 엄마가 외출한 다른 날에도 아이가 계속 TV를 봤을 것이라는 불신이 담겨 있다. 이 두 음절은 아이에게 이렇게 전해진다.

"너, 엄마 나갔다 오는 동안 공부한다고 하더니(공부하는 줄 알았더니) 계속 텔레비전이나 보고 앉아 있었던 거야? 그럼 그렇지. 정말 실망이다."

아이에게 상처가 될 수 있는 날카로운 말은 쉽게 끝나지 않는다. 그동안 부모의 마음에 들지 않았던 아이의 행동을 다시 하나씩 끄집어내며 아이를 불행하게 만든다. 이 상황을 빨리 벗어나고 싶은 아이는 부모에게 반항한다.

"또 잔소리, 진짜 지겨워."

이 말을 들은 부모는 절망감으로 외친다.

"너 지금 뭐라고 그랬어? 너 그게 엄마한테 할 소리야?"

부모는 자신의 말을 아이의 공부를 위한 독려, 조언 정도로 생각했다. 하지만 아이는 부모의 말을 잔소리라고 평가했다. 잔소리의 사전적 의미는 '필요 이상으로 듣기 싫게 꾸짖거나 참견함'이다.

부모가 아이를 평가하듯이, 아이도 부모의 행동을 평가한다.

계획한 공부를 다 못했음에도 TV를 본 자신보다, 아직 공부할 수 있는 시간이 남아 있는데도 다짜고짜 화를 내며 소리치는 부모의 행동이 잘못되었다고 생각한다. 부모와 아이가 서로 상대의 잘못만을 판단하는 상황에서는 문제 해결이 어렵다. 부모에게 화를 내고 방으로 들어간 아이는 분노와 반항심으로 똘똘 뭉쳐 있다. 공부도 엄마도 다 싫다는 생각뿐이다.

앞서 두 장면을 실은 교과서에는 다음과 같은 글이 이어진다.

'바람직한 가정을 위하여, 우리는 서로를 이해하기 위하여 바르게 대화해야 한다.'

아이는 이 문장을 읽으며 어떻게 해석할까? 자신의 행동부터 돌아볼까? 엄마의 말에 억울해할까? 부모가 바람직한 자녀 양육과 소통 방법을 배우듯이 아이들은 학교에서 가족 간 대화와 소통법을 배우고 있다. 아이들도 이상적인 부모에 대해 학습하는 것이다. 그리고 자신의 말과 행동을 돌아보기 전에 부모를 먼저 평가한다. 자신들의 기준으로 말이다.

아이들은 자기중심적이고, 고집이 세며, 쉽게 남을 탓한다. 그러면서 부모가 자신을 무한 애정으로 이해해 주기를 바란다. 모순적인 아이의 모습 같지만 성장 발단 단계에서 일어나는 정상적인 반응이다.

아이를 위한 마법의 숫자 '3'

잔소리하지 않는 부모가 세상에 얼마나 있을까? 아이가 잘못된 행동을 하면 부모는 아이가 같은 잘못을 반복하지 않기를 바라는 마음에 잔소리를 한다. 아이를 사랑하는 마음과 잘되길 바라는 관심의 표현으로 하는 말이다. 세상의 많은 것이 약이 되는 동시에 독이 되는 것처럼 적절한 잔소리는 아이에게 약이 될 수 있지만 지나치면 독이 된다. 아이가 간섭과 통제를 받고 있다고 생각하기 때문이다.

매 순간 간섭받고 있다고 느끼면 스스로 생각하고 행동하기는 커녕 모든 일에 의욕이 떨어진다. 의욕이 없으니 결과가 좋을 수 없는데 이 결과를 자신의 것으로 받아들이지 못한다. 결국 스스로에 대한 자부심과 자존감이 떨어지는 악순환이 벌어진다.

부모의 말을 아이가 잔소리로 여기지 않기 위해 부모가 관심 가져야 할 세 가지가 있다.

첫 번째는 3초의 기다림이다.

부모의 잔소리는 짜증과 분노를 참지 못했을 때 시작된다. 감정이 격해진 상태에서는 아이를 화풀이 대상으로 삼는 말이 나온다. 그 말을 듣는 아이에게는 부모의 부정적 감정이 고스란히 전해진다. 이때 아이는 자신이 무엇을 잘못했는지를 깨닫는 게 아니라 화를 내는 부모의 표정과 목소리, 몸짓 같은 비언어적 요소를 먼저 기억한다. 아이에게 부모는 이 순간만큼은 내 편이 아니라 믿을 수 없는 사람이 된다. 치밀어 오르는 짜증과 분노를 그대로 드러내지 말고 일단 3초만 기다리자. 짧은 시간이지만 과잉된 감정을 가라앉힐 수 있다.

두 번째는 3문장만 말하기다.

3초의 시간으로 어느 정도 평정심을 회복했다면 이제 아이에게 말을 할 차례다. 아무리 하고 싶은 말이 많아도 3문장을 넘기지 말자. 잔소리는 사전적 의미처럼 필요 이상의 말이다. 좋은 내용도 아닌데다가 아이에게 일방적으로 내뱉는 말은 길수록 역효과를 불러온다. 속사포처럼 잔소리를 늘어놓는 것보다 3문장으로 간결하게 정리해서 말해야 아이가 부모의 생각을 알아챌 수 있다. 예를 들어 "공부하느라 피곤했지? 이렇게 쉬는 시간도 필요하지. 엄마도 네 마음 알아"라고 말한다. 아이의 마음에 공감해주면 행동 변화로 이어질 가능성이 크다. 이때 3문장은 의문형이 아닌 서술형으로 마무리하는 게 좋다. 의문형은 아이에게 답을 재촉하는 것처럼 여겨질 수 있다.

세 번째는 3분 안에 끝내기다.

모든 상황은 길어야 3분 안에 마무리되어야 한다. 아이가 부모의 의도를 이해하고 움직일 때까지의 시간이다. 부모의 말을 들은 아이는 곧바로 방으로 들어가 공부할 수도 있고, 지금 보는 프로그램이 끝나면 남은 공부를 하겠다고 약속할 수도 있다. 어떤 방식으로든 문제가 해결되는 시간이 길어지면 부모와 아이 모두 감정의 골이 깊어질 수 있고 결국에는 자포자기하듯 서로를 놓아버릴 수도 있다. 따라서 3분 안에 긍정적으로 상황을 끝내는 것이 좋다. 다만 이는 3분 안에 아이가 공부를 시작해야 한다는 뜻은 아니다. 3분 안에 당장 행동의 변화를 요구하는 것이 아니라 타협점을 찾으라는 것이다. 그다음에는 강요와 명령이 아니라 아이가 약속한 대로 책임감을 갖고 행동할 수 있도록 돕는다.

4부

아이의 사회생활이
성적을 결정한다

1

아침 소모전을 줄여야
공부가 즐겁다

아침 풍경 1

"윤이서, 빨리 가야지. 이러다 너 또 늦겠다."

"분명히 여기다 뒀는데…. 아, 미치겠다. 엄마, 엄마가 어제 내 책상 치웠어?"

"책상 치운 게 왜? 그게 뭐가 문젠데."

"여기 있던 수첩 엄마가 치웠지? 그거 어디 있어? 오늘 지윤이한테 그 수첩 가져다준다고 했단 말이야."

책상 이곳저곳을 들추던 아이는 끝내 수첩을 찾지 못한 채 엄마에게 꾸중을 듣고 뚱한 얼굴로 학교로 향했다. 서둘렀지만 오늘도 지각이다.

아침 풍경 2

"윤호야, 아직도 밥 안 삼켰어? 얼른 먹어. 그래야 밥 다 먹고 학교 가지."

분명 여유 있게 시작했는데 늘 시간에 쫓긴다. 등교 시간이 되면 엄마의 마음은 초조해진다. 씻는 것도, 밥 먹는 것도 느린 아이 때문이다. 아직 옷을 갈아입지 않은 아이를 보면서 벌써 지각한 것 같은 기분이 든다.

"윤호야, 밥 그만 먹고 얼른 옷 입어. 너 그거 다 먹으면 지각하겠다. 엄마가 일찍 깨워도 소용이 없네. 너 학교에서도 이렇게 느리니? 선생님한테 안 혼나?"

오늘도 아이에게 잔소리를 퍼부었다. 학교로 향하는 뒷모습이 짠해 저절로 한숨이 나왔다.

아침 풍경 3

"엄마, 나 필통!"

10분 전 집을 나선 아이가 헐레벌떡 뛰어 들어왔다. 재빨리 아이의 방으로 들어가 책상에 놓인 필통을 집어서 건넨다.

"오늘은 필통이야? 어떻게 하루건너 한 번씩 뭘 두고 가니? 엄마가 어제 분명히 가방 잘 챙겼는지 물어봤지? 지금쯤 학교에 도착했을 시간인데. 어휴, 얼른 뛰어가!"

오늘은 조용히 넘어가나 했는데 역시나 아이는 놓고 간 물건을 찾으러 다시 돌아왔다.

초등학교 아이를 둔 집이라면 이런 풍경이 익숙할 것이다. 아침 시간이 바쁘지 않은 사람은 없지만 유독 아침에 쫓기는 아이가 있다. 미리 준비해 두지 않아서, 행동이 느려서, 준비물을 깜빡해서 등 여러 이유로 부모는 등교 준비를 하는 아이와 실랑이를 벌인다. 부모의 입에서는 저절로 잔소리가 나오고 아이는 정신없이 집을 나선다. 매일 아침 아이만 등교하는 게 아니라 부모도 같이 등교하는 기분이다. 언제까지 이렇게 속이 타들어 가는 아침을 보내야 하는지 모르겠다.

집을 나서는 아이의 기분이
그날의 학교생활이다

부모와 한바탕 등교 전쟁을 치르고 학교로 향하는 아이는 몸도 마음도 무겁다. 열심히 학교에 갈 준비를 했는데 매일 엄마에게 잔소리를 듣는다. 또 지각하면 혼날 줄 알라는 엄마의 말에 열심히 학교까지 뛰어가 보지만 너무 숨이 차다. '조금만 더'라고 되뇌며 부지런히 교실에 들어갔지만 이미 지각이다. 아이를 향한 친구들과 선생님의 눈길에 아이의 어깨가 축 처진다. 한숨 쉬는 얼굴로 자리에 앉은 아이의 표정이 좋지 않다. 이 아이가 내 아이라고 상상해 보자. 과연 아이는 수업에 집중할 수 있을까? 학교에서 즐겁게 생활할 수 있을까?

급할수록 돌아가라는 말이 있다. 하지만 이 말이 적용되지 않는 상황이 있다. 아침 등교 준비가 그것이다. '빨리'라는 말로 아이를 재촉하면 안 좋다는 것을 알지만 자꾸만 이 말이 나온다. 마음이 조급한 아이를 재촉하면 오히려 더 늦어진다. 바삐 움직이는 엄마의 발소리, 문을 쾅쾅 닫는 소리, 아직도 못했느냐며 지르는 고함까지 더해지면 아이는 갈피를 못 잡는다. 아이가 소화할 수 없는 양의 자극이 쏟아지기 때문이다. 부모는 그런 아이의 상태를 이해하지 못하고 아이가 고집을 피운다고 생각해 바쁜 와중에도 아이를 붙잡고 화를 낸다. 이런 악순환이 매일 같이 반복된다. 그러나 무슨 일이 있어도 아이의 등교는 즐거워야 한다. 실수나 잘못을 해도 혼나는 것은 학교에 다녀온 다음이어야 한다.

부모는 어떻게 해야 아침마다 힘들이지 않고 학교에 갈 준비를 마칠 수 있는지 알지만 아이는 아직 서툴다. 부모의 조급함을 자제하고 아이를 기다려주자. 물론 가만히 지켜보는 일은 아이를 야단치는 것보다 훨씬 어렵다. 그럼에도 아이가 등교 준비를 할 때 다그치지 말고 기다려주며 아이가 도움을 요청할 때는 기꺼이 도와주자. 만일 급한 나머지 서두르다 아이의 기분을 상하게 했다면 즉시 풀어주어야 한다. 아이의 즐거운 학교생활을 위해서다.

별 탈 없이 집을 나온 아이의 발걸음은 가볍고, 표정은 밝다. 교실에 들어서면서 웃는 얼굴로 친구들과 인사하고 수업을 듣는다. 반면 등교 준비로 부모에게 꾸중을 들은 아이는 집을 나서는 순간부터 불안감에 휩싸인다. 엄마가 화를 낸 상황이 짜증나고 지각하면 선생님에게도 혼날지 모른다는 두려움 때문에 학교에 가기 싫어진다. 학교가 끝나고 집에 가면 엄마에게 또 잔소리를 들을 것 같아 수업에 집중도 안 된다. 친구들은 아이에게 "너 엄마한테 혼났어?"라고 묻는다.

이처럼 집을 나서는 아이의 기분은 그날의 학교생활이 된다. 기분 좋게 출발한 아이의 학교생활은 막힘없다. 수업 시간에는 공부에만 집중할 수 있고, 쉬는 시간에는 친구들과 재미있게 놀 수 있다. 하지만 아침에 큰 소리가 나면 부모도, 아이도 안 좋은 감정으로 하루를 시작한다. 특히 아이는 불안감을 느끼는데 이는 공부에도 영향을 준다. 그러니 집을 나서는 아이를 기분 좋게 해 주자. 훈육과 반성의 시간을 가질 수 없는 바쁜 아침 시간에는 부모의 빠른 결정과 선택으로 아이의 상황에 맞추는 것이다. "학교 잘 다녀와"라는 한마디와 함께 부드럽게 어루만지면서.

하나만 확실히 준비해 두자

"너는 참 멋져."
"참 예쁘다. 어쩌면 이렇게 잘 어울리는 옷을 입었니?"
"오늘도 좋은 하루 보내."
"너는 웃는 얼굴이 너무 예뻐."
"좋은 일이 생길 거야."

아침마다 예슬이가 거울 앞에서 스스로 거는 주문이다. 예슬이는 자신의 모습을 보며 칭찬하는 이 시간이 하루 중 제일 좋다고 한다. 하지만 얼마 전까지만 해도 예슬이의 아침 시간은 등교 전쟁이었다.

어느 날 예슬이는 같은 반 친구 유이가 "나는 하루 중 내일 입을 옷을 고르는 일이 제일 즐거워"라고 말하는 것을 들었다. '내일 입을 옷을 고르다니? 옷은 나가기 전에 고르는 게 아닌가?'라고 생각한 예슬이는 유이에게 무슨 말인지 물었다. 알고 보니 유이는 매일 저녁 다음 날 입고 싶은 옷을 미리 골라둔다는 것이다. 유이는 친구들 사이에서 옷을 잘 입는 아이로 통했다.

"이건 우리 엄마가 알려준 비밀인데…. 입고 싶은 옷을 입어야 자신감이 생긴대. 그래서 나는 절대 아침에 허둥지둥 옷을 고르지 않아. 무슨 일이 있어도 다음 날 입을 옷과 신발은 미리 정해 놓거든. 그래서 아침에도 여유 있어."

이렇게 말하는 유이의 모습은 정말 자신감이 넘쳐 보였다.

그날 예슬이는 집에 와서 엄마에게 유이 이야기를 했다. 엄마는 "그럼 오늘부터 예슬이도 미리 학교에 입고 갈 옷을 정해 볼까?"라고 말했다. 저녁을 먹고, 엄마와 예슬이는 내일 학교에 입고 갈 옷을 함께 골랐다. 예슬이는 고민 끝에 보라색 티셔츠와 얼마 전 선물 받은 바지를 입기로 했다. 보라색 티셔츠는 예슬이가 가장 좋아하는 옷인데 안 보여서 잃어버린 줄 알았다. 그런데 옷장 깊숙이 숨어 있었다. 아침마다 시간이 없어 제대로 찾아보지 못했던 것이다.

다음 날 예슬이는 엄마가 깨우지 않아도 눈이 번쩍 뜨였다. 어제 미리 코디해 놓은 옷을 입고 갈 생각에 기분이 좋았다. 콧노래를 부르며 맛있게 아침밥을 먹고 양치를 하고 옷을 입었다. '학교에 가는 게 이렇게 기분 좋은 일이라니.' 예슬이는 빨리 교실에 가서 유이에게 자랑하고 싶었다. 그날 이후 예슬이는 더 이상 허둥지둥 옷을 입지 않게 되었고 아침마다 거울을 보며 멋진 자신의 모습에 만족했다.

아침에 힘을 빼고 출근하면 하루 종일 회사에서 피곤했던 경험이 있을 것이다. 아이도 마찬가지다. 일어나서 등교할 때까지 집에서 어떤 시간을 가졌느냐에 따라 학교에서의 집중력과 능률이 결정된다. 아침 일찍 일어나 스스로 등교 준비를 하고 "학교 다녀오겠습니다"라며 경쾌하게 인사하고 가면 좋겠지만, 아이가 해야 할 일을 머릿속에서 처리하고 능숙하게 실행하기까지는 시간이 필요하다. 그런데 매일 치러야 하는 일상이 부모의 잔소리와 짜증으로 시작되면 부모도 아이도 힘들다. 아이가 능숙하게 등교 준비를 할 수 있도록 몇 가지 체크해 보자.

아이가 학교에 도착하기 전부터 에너지가 고갈되는 등교 전쟁을 피하기 위해서는 아침 루틴을 점검해야 한다. 일어나기, 씻기, 아침 식사, 양치, 옷 입기, 가방 챙기기, 신발 신기까지. 이 중에서 미리 준비할 수 있는 대표적인 것이 가방 챙기기와 옷, 신발이다.

매일 밤 옷과 신발을 고르는 시간

하루를 고요히 닫는 시간에 아이와 함께 '옷과 신발을 고르는 시간'을 가져보자. 저녁을 먹고 난 뒤 씻기 전이나 잠자리 독서를 하기 전도 좋다. 매일 알람을 맞춰 놓고 규칙적으로 하는 것이다. 아이는 다음 날 입을 옷을 고르는 과정을 통해 미리 준비하는 습관을 기를 수 있다. 또한 충분히 여유를 두고 고른 옷은 내일을 기대하게 한다. 전신 거울 하나도 준비해 주자. 직접 고른 옷을 입는 아이가 자신의 표정을 확인할 수 있도록 말이다.

"공주님(왕자님), 아침 의상은 정하셨나요?"

아이를 한껏 기분 좋게 하는 말로 하루를 마무리하며 옷과 신발을 고르자. 함께 내일 날씨를 알아보고 그에 알맞은 옷차림에 관해 도란도란 이야기하며 옷 고르는 시간은 부모가 아이의 감정을 읽고 소통하는 시간이 된다. 또한 부모는 아이가 좋아하거나 즐겨 입는 옷을 보면서 아이의 성향도 파악할 수 있다. 이때는 아이가 옷을 고를 충분한 시간을 주는 것이 좋다. 아이의 성향과 관심을 인정하고 존중하는 방법이기 때문이다.

이렇게 하나만 미리 준비해 둬도 부모와 아이 모두 기분 좋은 다음 날 아침을 보낼 수 있다. 그리고 아이에게 준비한 옷을 입고 거울을 보며 자신을 칭찬하고 격려하는 말로 하루를 시작하는 방법도 이야기 나누면 좋다. "오늘 좀 멋진데!" 같은 말로 자신을 사랑하는 표현을 연습할 수 있다.

우리 뇌는 긍정적일 때 활발하게 활동한다. 미국 노스캐롤라이나 대학의 바버라 프레데릭슨Babara Frederickson교수는 '미소 지을 때 심혈관계의 안정성이 좋아져 스트레스가 낮아지고, 대뇌에서 목표지향적으로 행동하는 영역이 활성화된다'라고 했다. 기분이 좋을 때 집중력이 높아지고 목표에도 충실해진다는 것이다. 또한 긍정적 감정은 문제해결력, 새로운 정보의 학습, 관계를 견고하게 하는 능력도 향상시켜준다고 한다. 기분 좋게 등교하는 아이가 즐겁게 공부하는 이유다.

겨울이라면 옷과 신발뿐 아니라 장갑, 마스크도 미리 준비해 두면 아침 식사 등 다른 일을 여유롭게 할 수 있다. 아침에 입을 옷과 신발을 고르는 작은 준비는 큰 변화를 가져온다. 아침마다 등교 준비로 아이와 부딪힌다면 그 전날 함께 해결할 방법을 찾아야 한다. 아침 소모전을 줄여야 아이의 공부가 즐겁다.

2

학교에서 사랑받는 아이는 성적이 다르다

한 아이가 있다. 아이가 초등학교 6학년일 때 부모가 사기를 당하면서 형편이 어려워졌다. 돈을 버느라 바쁜 부모 때문에 아이는 학교에 갈 때도 매일 같은 옷을 입고 갔고 머리도 잘 감지 못했다. 언젠가부터 친구들은 아이를 멀리하기 시작했다. 이제는 반 친구들이 모두 무시했고 친구가 없었던 아이는 교실에서 투명인간처럼 생활했다.

'이 세상에서 내가 없어져도 되지 않을까?'

이런 생각이 들자 종종 학교에 가지 않기도 했다.

하루는 반 친구들이 모두 집에 가고 텅 빈 교실에 아이가 혼자 앉아 있었다. 그때 교실에 들어온 담임 선생님이 아이에게 말했다.

"우리 같이 보드게임 놀이할까?"

그날 이후 선생님은 매일 같이 방과 후 아이와 놀아주었다. 아이에겐 선생님이 유일한 친구였다.

12년 뒤, 아이는 어른이 되었다. 그리고 선생님을 찾아뵙기로 했다. 혹시라도 선생님이 자신을 잊지는 않았을까, 아니면 귀찮아하지는 않을까 고민하기도 했다. 하지만 용기를 냈고 선생님을 만났다.

"선생님, 생각보다 많은 사람이 절 좋아해 줬어요. 저 대학교에서 밴드부 회장도 했어요. 친구도 많고 무척 잘 지내요. 내년에는 선생님도 돼요."

아이의 말을 들은 선생님이 말했다.

"네가 선생님이 된다니, 너무 좋다. 너는 아픔을 알잖니. 그것만으로도 충분하다고 생각해. 너는 아파하는 아이들을 그냥 보고 가지 않을 테니까. 그럼 된 거란다. 뭐가 더 필요하겠니. 그때 너도 많이 힘들었지?"

"선생님, 저 정말 잘할게요. 반에서 소외당하는 아이가 없게 할게요. 만약 있으면 같이 보드게임할게요."

"그럼 그 보드게임은, 내가 사주마."

이 이야기는 유튜브에서 본 실제 사연이다. 12년 전 외로웠던 아이와 그를 진심으로 위로했던 선생님이 만난 장면은 너무도 뭉클했다. 멋지게 자라 선생님이 된 그는 이렇게 말했다.

"선생님이 없었다면 제 인생은 어땠을까요? 제가 지금 이렇게 환하게 웃을 수 있을까요?"

학교에 가기 전 챙겨야 할 심리적 준비물

아이의 인생에 가장 큰 영향을 주는 사람은 부모지만, 아이와 많은 시간을 보내는 선생님의 영향도 매우 크다. 아이를 학교에 보내는 부모의 마음은 한결같다.

'선생님께 사랑받았으면.'

'수업 중에 지적받지 않을 만큼은 되어야 할 텐데.'

이런 간절한 마음을 갖는 이유는 뭘까? 모든 부모는 아이가 언제 어디서나 사랑받길 원한다. 그중에서도 특히 교실에서 사랑받는 아이가 되길 바란다. 교사의 애정이 아이의 학습 능력에 긍정적 영향을 준다는 것을 알기 때문이다. 학교에 간 아이의 세계에서 선생님은 세상의 중심이다. 선생님의 말 한마디에 할 수 있는 아이가 되고 할 줄 모르는 아이가 되기도 한다. 하지만 선생님의 사랑은 부모의 사랑처럼 무조건적이 아니다. 아이가 사랑받을 조건을 갖춰야 한다. 우리 아이는 선생님께 사랑받을 준비가 되어 있을까?

아이가 학교에 들어가기 전 선행학습보다 먼저 해야 할 일이 있다. 선생님과 친구들의 사랑을 받을 수 있도록 '심리적 준비물'을 챙기는 것이다. 사랑받는다는 것은 누군가의 마음을 얻는 일이며, 많은 노력이 필요하다. 지금부터 부모가 챙겨줘야 할 아이의 심리적 준비물을 함께 알아보자.

첫 번째로 준비할 것은 '인사'다.

교실에는 20명이 넘는 아이들이 모여 있다. 선생님은 공동생활을 시작한 아이들을 보살피고 가르치면서 아이의 성품을 조금씩 파악해 나간다. 만일 아이가 말수가 적고 내성적이어서, 자기표현에 서툴러서, 공부에 흥미가 없어서 칭찬받지 못할까 봐 걱정된다면 적극적으로 인사하는 법을 먼저 가르치자.

"선생님, 안녕하세요."

호칭을 제대로 부르며 반가운 얼굴로 인사하는 아이는 기억에 남는다. 공손한 말투와 행동으로 인사하는 아이를 바라보는 선생님의 눈빛은 다를 수 있다. 아이는 자신의 인사를 받은 선생님의 기분 좋은 표정과 시선에서 기쁨과 행복을 느끼며 긍정적 정서로

충만한 학교생활을 할 수 있다. 이런 에너지는 자신감을 키워주며 수업 시간에도 더욱 적극적으로 참여하도록 돕는다.

두 번째는 예의 바른 아이다.

바르게 인사하는 아이가 선생님의 말에 공손하게 대답하기까지 한다면 더욱 사랑받는다. 아이를 학교에 보내는 부모는 '선생님이 공부 잘하는 아이를 편애할 것'이란 생각을 한다. 냉정하게 말해 공부 잘하는 아이는 부모에게 사랑받는 것이지 선생님에게 사랑받는 것은 아니다. 만일 공부 잘하는 아이가 선생님의 애정을 듬뿍 받고 있다면 그 아이는 평소 예의 바른 모습을 보여줬을 것이다.

초등학교 저학년 선생님은 단체생활을 하는 데 필요한 능력과 품성을 중요하게 여기며 먼저 가르친다. 상황에 맞지 않는 말투로 이야기하거나 핑계부터 대는 아이, 선생님과 친구는 뒷전인 채로 제멋대로 구는 아이는 예의와 거리가 멀고 버릇없다는 생각이 들게 한다. 이런 아이는 친구들도 피할 것이다.

선생님은 부모의 영향력이 닿기 힘든 영역이다. 하지만 부모가 선생님을 간접적으로 바꿀 수 있다. 우리 아이가 사랑받을 수 있는 심리적 준비물을 미리 챙겨주는 것이다. 부모의 눈에는 마냥 예쁘게 보이는 말과 행동도 밖에서는 다르게 보일 수 있다. 아이에게 다양한 상황을 제시하며 어떻게 말하고 행동해야 할지 함께 연습하자.

스스로 할 줄 아는 아이가 사랑받는다

아이에게 인사와 예절을 가르쳤다면 **세 번째는 생활습관이다.**

"너는 공부만 열심히 해, 필요한 건 엄마 아빠가 다 해줄게"라고 외치는 부모가 있다. 연필을 깎아주고, 준비물을 대신 챙겨주고, 책상을 정리해 주며, 현관 앞까지 책가방을 들어다준다. 아이가 자란다는 것은 키만 크는 게 아니다. 스스로 할 수 있는 것이 점점 더 많아진다는 뜻이다. 아이를 위해, 아이가 공부에만 집중할 수 있도록이라는 핑계를 대며 과한 친절을 베푸는 부모는 아이가 스스로 할 수 있는 기회, 성장할 기회를 빼앗는 것과 같다. 진심으로 아이를 위한다면 부모의 만족이 아니라 아이의 자기만족을 생각하자. 아이가 해냈다는 만족감과 성취감을 느끼고 단체생활에서 함께 어울릴 수 있는 환경을 만들어줘야 한다.

아이가 집에서 혼자 할 수 있는 것들을 조금씩 늘려나가자. 혼자서 씻고, 옷을 갈아입고, 책상과 침대를 정리하는 것. 식사 준비를 돕고, 부모의 도움 없이 책가방을 챙기는 것 등 기본적인 생활습관을 갖춰나갈 수 있도록 원칙을 세우는 것이다. 만일 아이 혼자서 해내기 어렵거나 어른의 힘이 필요한 일이 있다면 그때는 부모에게 도움의 손길을 내밀도록 가르치면 된다. 이러한 습관은 교실 생활에서 고스란히 드러난다. 선생님 눈에도 아이는 적극적이고 자립심 강한 아이로 각인된다.

네 번째 준비물은 선생님을 좋아하는 것이다.

선생님을 좋아하는 아이는 수업 태도가 좋다. 매일 같이 간단한 숙제를 내주는 선생님이 있었다. 10분 정도면 마칠 수 있는 분량이었지만 매일 꾸준히 하는 것이 어려워 아이들은 종종 숙제를 빼먹기도 했다. 그런데 단 한 번도 숙제를 잊지 않고 모두 해온 아이가 있었다. 아이가 그토록 열심히 숙제한 이유는 선생님이 좋아서, 선생님에게 잘 보이고 싶어서였다.

아이가 선생님을 좋아하도록 선생님에 관한 긍정적인 말을 많이 하고 선생님이 아이를 칭찬했을 때는 아이에게 꼭 말해 주자.

"선생님께서 우리 주원이가 오늘 화분에 물 주기를 잘했다고 하시더라. 꼼꼼하고 책임감이 강하다고 칭찬도 하셨어."

"선생님이 그러시는데 주원이가 질문할 때 예의 바르대. 그 말을 듣고 엄마가 참 기뻤어."

아이는 타인의 시선을 받으며 성장한다. 교실에서 대표적인 타인의 시선은 선생님의 눈길이다. 선생님으로부터 자신의 존재에 대해 긍정적인 확인을 받으면 아이의 자신감과 자존감이 높아진다. 선생님을 바라보는 아이의 눈빛도 반짝인다. 선생님을 좋아하는 아이는 선생님의 말과 몸짓 하나도 놓치지 않으려고 수업에 집중한다.

마지막은 건강한 아이다.

초등학교 시기에 건강하지 못하면 충분한 성장을 할 수 없다. 옛날과 달리 요즘에는 영양이 부족한 아이가 없다. 예방접종도 철저히 하고 맛있는 음식과 영양제도 꾸준히 챙겨 먹는다. 그럼에도 학교 보건실은 잔병치레에 시달리는 아이들로 만원이란다. 툭하면 넘어져서 상처가 생기는 아이도 많다. 머리가 아프고 배가 아픈 아이도 많다고 한다.

학업 스트레스와 부족한 수면 때문이다. 공부하느라, 게임하느라, 스마트폰하느라 늦은 시간까지 잠들지 못해 잠이 모자란 아이들도 많다. 게다가 학교가 끝나면 곧바로 학원을 돌면서 받는 스트레스도 상당하다. 피곤한 아이들은 예민해서 작은 일에도 쉽게 짜증을 내고 친구들과 다툼이 잦다. 부정적이고 소극적인 태도로 이어져 선생님께 지적받는 일이 생긴다. 이런 상황이 반복되면 아이는 학교에 가기 싫어한다.

올바르게 성장 중인 아이는 부모의 관심과 충분한 잠, 든든한 밥심으로 학교에 다닌다. 몸이 건강하니 아이의 표정에 생기가 돌고 행동에서는 여유가 묻어난다. 친구들, 선생님과의 관계도 좋아 학교가 즐겁고 수업 시간에는 적극적으로 참여한다. 선생님은 이런 아이를 사랑할 수밖에 없다. 학교에서 사랑받는 아이는 성적이 다르다.

3
질문 잘하는 아이는
성적이 다르다

주요 20개국(G20) 서울정상회의 폐막식에서 버락 오바마 대통령이 연설을 했다. 개최국 역할을 훌륭히 해낸 한국에 감사를 표하며 오바마 대통령은 특별히 한국 기자들에게 먼저 질문할 수 있는 기회를 주었다. 하지만 손을 들고 질문한 기자는 아무도 없었다. 적막 속에서 오바마 대통령이 말했다.

"누구 없나요? 아무도 없나요?"

통역이 있으니 걱정 말라며 환한 표정으로 질문자를 기다렸다. 또다시 침묵. 전혀 예상하지 못한 반응에 당황해하는 오바마 대통령의 모습이 그대로 전파를 탔다. 결국 계속 손을 들며 질문을 하고 싶어 한 중국 기자에게 기회가 돌아갔다. 왜 우리나라 기자들은 기회가 주어졌음에도 권리를 제대로 행사하지 못했을까?

이 사건으로 한국 기자들은 질문을 못한다는 부끄러운 사실이 전 세계에 알려졌다. 그날 왜 아무런 질문도 나오지 않았을까? 기자들은 왜 질문하는 것을 그토록 어려워했을까? 기자들뿐 아니다. 학생들도 질문하지 않는다. 부모조차 아이에게 "학교에서 선생님 말씀 잘 들어"라고 말한다. 배움이란 해답을 찾기 위해 좋은 질문을 찾아 나서는 것이다. 질문을 통해 문제를 파악하고 생각하고 깨달음을 얻는 것이 진정한 배움이다. 지금 우리 아이에겐 어떤 배움이 필요할까?

정답을 찾는 것보다
질문을 찾는 것이 중요하다

말문이 트인 아이가 가장 많이 하는 말은 "왜?"다. 모든 일에 호기심을 갖고 눈을 반짝이며 탐구하는 모습이 사랑스럽지만 끊이지 않는 질문에 부모는 지치곤 한다. 그런 아이가 초등학교에 들어가면서 점점 질문을 잃어버린 것 같다며 걱정하는 부모가 많다.

"오늘 수업 내용에 관해 질문 있는 사람?"

수업이 끝나고 선생님이 아이들을 향해 묻는다. 늘 그렇듯 아무도 손을 들지 않는다.

"이건 뭐야?"

"왜 그런 거야?"

"어떻게 하는 거야?"

끊임없이 재잘거리며 궁금한 것을 물어보던 아이는 언제부터인가 침묵하기 시작했다. 여전히 호기심은 많은 것 같은데 왜 질문하지 않는 걸까? 씩씩하게 질문하는 적극적인 아이는 선생님에겐 눈에 띄는 학생이고, 부모에겐 선망의 대상이다. 학습 욕구와 호기심, 사회성이 질문으로 발현된다고 생각하기 때문이다.

세계는 지금 4차 산업혁명 시대를 지나고 있다. 눈부시게 발전한 기술은 우리에게 언제 어디서나 쉽게 답을 구할 수 있게 해주었다. 과거에는 궁금한 게 있으면 책과 사전을 뒤져가며 답을 찾아야 했다. 그 과정에서 무궁무진한 지식을 얻을 수 있었다. 그런데 지금은 검색 한 번이면 답이 쏟아져 나온다. 답을 찾는 과정이 쉽고 단순한 만큼 우리가 얻을 수 있는 지식도 단순화되고 있다. 지금은 더 많은 지식을 가진 것이 중요한 시대가 아니다. 그보다는 더욱 새롭고 창의적인 생각을 하는 것이 중요한 시대다. 이런 시대에는 정답을 찾는 능력보다 질문을 잘하는 능력이 더욱 중요하다. 어떻게 해야 우리 아이가 잃어버린 질문을 다시 찾아줄 수 있을까?

아이의 잃어버린 질문을 찾아서

아이들이 질문하지 않는 가장 큰 이유는 아무도 질문하지 않는 분위기 때문이다. 지나친 선행학습으로 아이들은 이미 다 알고 있다고 착각해 묻지 않는다. 그렇지 않은 아이들은 모른다는 것이 부끄러워 질문하지 않는다. 완전히 다른 이유로 아이들은 어느새 질문을 잃어버렸다.

아이에게 질문을 되찾아주기 위해서는 질문은 부끄러운 게 아니라는 사실을 깨닫게 해줘야 한다. 질문을 망설이는 아이는 '내가 이 질문을 하면 사람들이 나를 어떻게 생각할까? 무시하지는 않을까?'라고 고민한다. 이 생각에 막혀 질문할 기회를 놓치고 만다. 실제로 G20의 오바마 대통령 연설 현장에 있던 우리나라 기자는 당시 질문하지 못했던 이유를 이렇게 말했다.

"그 자리에서 던지는 질문은 한국의 모든 기자를 대표하는 질문이 될 텐데, 과연 내 질문이 그럴 만한 것인지 고민하다가 결국 손을 들지 못했다."

아이가 질문하는 것을 부끄러워하지 않도록 자연스러운 분위기를 만들어주자. 질문에 즉각 반응하며 좋은 질문은 칭찬해 주고, "너라면 어떻게 했을 것 같아?", "왜 그렇게 생각해?" 같은 말로 되물으며 다음 질문으로 이어지도록 유도한다. 절대 아이의 질문에 단답형으로 대답하거나 성의 없는 태도를 보여서는 안 된다.

질문도 자주 해봐야 잘한다. 아이가 질문하는 것 자체를 어려워한다면 게임을 통해 질문에 익숙해지고 재미도 느끼게 해주자. 함께 '질문 끝말잇기'를 해보는 것이다. 방법은 간단하다. 질문과 대답을 계속해서 이어가며 끝말잇기를 하는 것이다.

"아빠는 오늘 왜 늦잠을 잤어?(질문)" "감기에 걸려**서**(대답)" - "**서**울에서 엄마가 가장 좋아하는 장소는?(질문)" "우리 **집**(대답)" - "**집**에서 학교까지 걸어갈 때 걸리는 시간은?(질문)" "**10분**(대답)" - "**분**리수거하는 요일은?(질문)" "매주 금요**일**(대답)" - "**일**어나서 제일 먼저 하는 일은?(질문)" "**거**울 보기(대답)"

이런 방식이다. 마치 질문이 놀이처럼 연결돼 질문에 대한 아이의 두려움이 덜하고, 대답의 끝음절을 첫음절로 하는 질문을 생각해야 하므로 아이의 창의력과 어휘력 향상에도 도움이 된다.

시키지 않아도 스스로 질문하는 아이는 주도적으로 학습하고,

여기에서 얻은 이해력으로 새로운 발견을 할 수 있다. 주어진 정보에 갇히지 않고 더 넓고 깊은 지식과 정보를 자신의 것으로 만드는 것이다. 부모는 질문을 두려워하지 않는 아이를 만들어야 한다. 좋은 질문을 던지는 아이는 문제를 해결할 수 있는 통찰력과 새로운 시각에서 접근하는 사고력, 그리고 질문을 주고받는 사람과의 소통능력을 개발할 수 있다.

Tip **질문 잘하는 방법**

1. 선생님이 말씀하시는 중에는 질문하지 않기

2. 질문이 있을 때는 손을 확실히 들어 표현하기

3. 질문권을 받고 질문하기

4. 선생님을 바라보며 질문하기

5. 답변을 듣고 난 뒤에는 "감사합니다"라고 말하기

토론에 강한 아이는
경쟁력이 있다

현관에 들어서는 엄마에게 딸이 달려와 큰소리로 이른다.

"엄마, (동생을 가리키며) 저 왕재수가 나보고 누나라고 안 하고 이름 불러."

아들이 뒤따라오며 말한다.

"무슨 누나가 양보도 안 하냐!"

그날따라 몸이 천근만근이던 엄마는 아이들이 투닥거리는 모습을 보자 짜증이 밀려왔다. 그런데 화낼 힘도 없어서 낮은 목소리로 말했다.

"엄마한테 다녀왔냐는 인사는 해야 하지 않아?"

평소라면 아이들보다 더 큰 목소리로 "또 싸우니? 원수도 너희

보단 사이가 좋겠다"라며 잔소리할 엄마인데 낮고 고요한 목소리에 움찔한 아이들은 "엄마 다녀오셨어요"라고 말했다. 말할 힘도 없을 뿐인데 얼떨결에 아이들이 싸움을 멈춘 것이다. 엄마가 소파에 풀썩 앉자 딸이 "엄마, 물 드릴까요?" 하고 존댓말까지 쓰며 엄마의 기분을 헤아리는 게 아닌가. 아들도 잽싸게 "누나, 내가 가져올게" 한다.

물을 마신 엄마가 아이들에게 말했다.

"너희 아까 엄마한테 할 말 있었던 거 아냐?"

딸은 "별거 아냐. 그치?"라며 동생을 본다. 아들은 "웅, 별일 아냐. 누나 미안해" 한다. 다시 딸이 "아냐. 나도 너무했어. 미안해"라며 먼저 손을 내민다. 멋쩍게 웃으며 악수하는 아이들을 보며 엄마는 이게 무슨 일인가 싶었다. 다른 때 같으면 사과하라고 해도 절대 듣지 않던 아이들이 아니던가.

우연히 시작된 토론, 놀라운 결과

좀처럼 마음먹은 대로 되지 않는 일이 있는가 하면, 아무런 기대도 하지 않았는데 의외의 성과가 있을 때도 있다. 그날 엄마는 모든 게 귀찮아 큰 소리를 내지 않았고 아이들의 싸움에도 개입하지 않았다. 그런데 거짓말처럼 아이들 스스로 문제를 해결한 것이다. 그날 이후 아이들의 다툼에 대응하는 엄마의 방식이 달라졌다. 절대 끼어들거나 억지로 화해시키지 않고 차분히 관망하기로 한 것이다. 그러자 싸움 중재 대신 아이들과의 토론이 가능해졌다. 엄마의 말은 토론의 시작을 알리는 신호탄이었다.

"누가 먼저 말할래?"

이 말과 동시에 엄마와 두 아이가 거실에 둘러앉았다.

"수지가 먼저 말할래?"

그런데 이 말을 하는 순간 엄마는 좋은 생각을 떠올렸다.

"수현아, 방에서 블루투스 마이크 좀 가져다줄래?"

수현이가 얼른 뛰어가 마이크를 가져왔다. 엄마는 마이크를 잡고 말했다.

"지금부터 이 마이크를 든 사람만 말할 수 있는 거야. 나머지 사람은 그 사람의 말이 끝날 때까지 끼어들면 안 돼. 듣기만 해야 해."

두 아이는 흥미로운 듯 서로를 쳐다봤다. 이런 분위기가 재미있다는 듯 수지가 말했다.

"엄마 그거 꼭 토킹 스틱 같아."

"누나, 그게 뭔데?"

"옛날 어느 인디언 부족에도 지팡이를 잡은 사람만 말할 수 있는 전통이 있었대. 토킹은 말하다. 스틱은 지팡이. 그래서 토킹 스틱."

"아, 그러니까 마이크가 지팡이네."

그날 엄마는 아이들과의 대화를 통해 세 가지를 깨달았다. 첫째, 아이들은 이미 성숙한 존재였다. 둘째, 아이들은 결코 "조용히 해! 엄마 말 들어!"라고 무시할 존재가 아니므로 엄마는 아이들을 의식하고, 존중하게 되었다. 셋째, 지금껏 부모의 해결방법이 오히려 문제를 악화시켰다. 그동안 엄마는 문제가 생길 때마다 속전속결로 해결사 노릇을 하며 아이들에게 말할 기회조차 주지 않았던 것이다.

토론으로 시작해 공부로 끝난다

그날부터 엄마는 아이들과의 다양한 문제도 토론으로 해결했다. 가족의 한 사람으로서 자신의 의견을 존중받은 아이들은 자신의 말과 행동에 책임지려는 모습을 보였다. 철부지로만 여겼던

두 아이가 의젓하게 바뀌는 걸 보면서 엄마는 아이를 존중할수록 긍정적으로 변한다는 사실을 깨달았다. "이것 좀 해"라며 강압적으로 명령했던 엄마의 말투는 "엄마 좀 도와줄 수 있을까?"와 같은 부드럽고 따뜻한 말이 됐다. 자연스럽게 아이에게 명령 대신 도움을 요청하게 된 것이다. 그러면 아이는 선뜻 나서서 도와줬고 자연스럽게 "도와줘서 고마워"라는 말도 나왔다. 어색해서 잘 하지 못했던 말인데 한번 물꼬를 트니 이제는 어렵지 않았다. 엄마가 변하자 가족이 변했다.

엄마는 변화의 출발점이 토론이라고 생각했다. 엄마는 아빠와 함께 가족의 토론 문화를 이어갈 수 있도록 열심히 공부했다. 그리고 아이들과 함께 몇 가지 원칙을 세웠다.

첫째, 발언할 때 존중하며 듣기
둘째, 상대의 의견을 비난하거나 비하하지 않기
셋째, 설득은 하되 강요는 하지 않기

효과는 다른 곳에서도 나타났다. 토론이 아닌 일상적인 대화에서도 상대의 말을 끊거나 자신이 할 말만 하는 모습이 눈에 띄게 줄어든 것이다.

이처럼 토론의 세 가지 원칙 정도만 지켜도 다른 사람과 소통하고 자기 생각을 정확하게 전달하는 토론에 강한 아이로 키울 수 있다. 부모 세대는 주입식 교육과 단답형 문제가 대부분이었지만, 요즘은 아이에게 상세한 답변과 토론을 통해 결론을 도출하는 교육을 강조한다. 활발한 토론과 논쟁을 통해 자기주장을 펼치면서 언어능력과 설득력, 창의력이 발달하고, 상대의 이야기를 들으면서 경청과 공감을 배우며, 토론의 원칙을 지키는 과정에서 사회성과 도덕성을 키울 수 있기 때문이다.

토론은 말하기와 듣기의 종합적 활동인 데다 일상 대화와 달리 특정한 주제가 있어 고도의 사고를 필요로 한다. 상대의 이야기를 듣고 나서 자신의 의견을 말해야 하므로 단순히 말만 잘해서는 안 된다. 토론을 통해 아이는 창의력과 사회성, 자신감, 공감능력 등 다양한 지능을 골고루 발달시킬 수 있고 이는 공부하는 힘으로 연결된다. 토론에 강한 아이는 경쟁력이 있다.

토론, 쉬운 단계부터 시작하자

이처럼 토론의 효과는 확실하지만 단순히 주제를 정하고 그에 관해 이야기하는 것만으로 토론이라고 할 수는 없다. 아이가 스스로 생각하는 힘을 기르고, 다른 사람의 의견을 들으며 풍부한 지식을 쌓고 판단하는 능력을 배우고, 소통하는 방법을 깨달아야 제대로 된 토론이다. 유아기부터 토론을 접한 아이의 토론 실력은 월등하다. 따라서 학교에 입학하기 전부터 집에서 부모와 함께 토론하는 문화를 경험하고 실력을 쌓는 것이 좋다. 다만 처음부터 완벽한 토론을 진행하려는 무리수는 두지 말자. 시작은 토론의 형식을 띤 가족회의 정도가 좋다.

일주일에 한 번 또는 한 달에 두 번 정도로 일정한 시간을 정해서 가족회의를 진행해 보자. 가족이 돌아가며 사회를 보고 각자 하고 싶은 이야기를 발표하면 된다. 좋았던 일, 슬펐던 일, 하고 싶은 일 등 주제는 무엇이든 좋다. 그리고 서로에게 하고 싶은 말이나 의견 등을 발표하는 시간도 갖는다. 아이가 가족회의에 익숙해지면 소소한 주제를 정하기 시작하자. TV 시청 시간, 게임 시간, 장난감 정리, 공부 시간 등 아이와 관련한 주제를 정해 각자 의견을 말하고 듣는다.

이때 부모는 절대로 아이의 발언권을 빼앗아서는 안 된다. 말도 안 되는 이야기를 하거나 고집을 부려도 아이가 자신의 말을 끝낼 때까지 기다려 준다. 설득은 그다음에 해야 한다. 또한 아이가 망설이지 않고 적극적으로 의견을 낼 수 있도록 유도하는 질문을 해주자.

"아빠의 의견을 어떻게 생각하니?"

"너라면 이때 무슨 말을 했을까?"

"혹시 더 좋은 생각이 있니?"

이런 질문은 아이가 자신의 생각을 정리하고 말하도록 하며 상대의 말을 잘 듣는 습관을 길러준다.

아이의 발언권을 존중하되 토론이 올바른 방향으로 진행될 수 있도록 길라잡이가 되어주는 것도 부모의 역할이다. 토론은 대화와 달리 더 좋은 생각, 더 나은 방법을 찾는 것이 목표다. 부모는 아이와 동등한 발언권을 갖되 아이의 생각을 키워줄 수 있도록 한 단계 높은 수준의 생각과 정보를 제시해야 한다. 다음은 부모가 지켜야 할 토론의 원칙이다.

✎ 아이가 낸 의견의 옳고 그름을 가리지 않는다.

✎ 아이가 충분히 말할 수 있도록 격려한다.

✎ 어른의 생각과 의견으로 토론의 격을 높인다.

천천히, 그러나 탁월하게 토론하기

아이와 토론을 할 때는 대화와는 다른 반응을 보여야 한다. 고개를 끄덕이는 정도의 반응이면 된다. 일상 대화에서는 "그랬어?", "그랬구나" 같은 피드백을 보내며 아이의 감정에 공감해 주어야 한다. 하지만 토론은 감정을 돌보는 것보다 아이의 생각과 의견을 존중하는 것에 초점을 둔다. 자유롭게 의견이 오가되 좀 더 나은 의견이 나올 수 있도록 돕는 것이다. 따라서 잘 들어주고 반응하는 것은 변함없지만 경청에 더 힘을 실어야 한다.

아이가 직접 토론 주제를 정해 보는 것도 좋다. 가족 토론은 집에서 일어나는 다양한 일을 토론 형식으로 이야기하는 것이므로 얼마든지 아이도 주제를 결정할 수 있다. 예를 들어 아빠가 재택근무를 하고 아이도 원격수업을 하는 날, 어떻게 서로의 영역을 보장하고 지켜줄 것인가에 관해 이야기하는 것도 좋은 주제다. 이를 계기로 아이는 아빠가 어떻게 일하는지 알게 되고 부모는 아이의 학업 일정과 해야 할 일을 챙겨줄 수 있다.

"내일은 아빠가 재택근무를 하는 날이야. 9시 30분부터 10시 30분까지는 줌Zoom으로 화상 회의를 하고…"

이렇게 아빠가 먼저 이야기를 하면 아이들도 수업 시간표를 알려주며 어떻게 가족이 효율적으로 각자의 일을 할 수 있을지 의견을 나눈다. 가족 외식이나 나들이 계획도 토론으로 결정하면 좋다.

이렇게 가족과의 토론이 자연스러워지면 뉴스를 소재로 삼아 찬성과 반대의 입장으로 나누어 일반적인 토론으로 발전시킬 수 있다. 처음에는 엄마나 아빠가 사회를 맡지만 점차 아이에게도 사회자 역할을 맡겨보자. 중립의 자리를 경험하는 것은 아이에게 또 다른 기회를 주는 것이다. 양쪽의 말을 듣고 의견을 종합하는 고차원적 능력을 가족 토론에서 기를 수 있다.

자신의 생각을 충분히 말하고 그것을 상대가 들어주는 경험을 많이 한 아이는 말하는 자세와 태도가 다르다. 부모와의 토론을 통해 타인의 의견을 듣는 능력을 키우고, 자신의 의견을 말하며 합리적인 사고를 확장하는 능력을 키우기 때문이다. 또한 토론 상대의 말을 듣고 종합적으로 분석해 그 의견에 자신의 의견을 적절하게 제시해 관철시키는 설득력도 길러진다. 아이는 탄탄한 소통과 대화로 사회성을 발휘하며 학교생활도 능동적이고 긍정적으로 해나갈 것이다.

(Tip) 우리 가족의 토론 규칙 정하기

1. 상대의 의견에 반박할 수 있지만 평가는 하지 않는다.

   No! → "그건 잘못된 정보예요."

   YES! → "제가 찾은 정보에 의하면…"

2. 궁금한 것은 반박 대신 질문한다.

   No! → "무슨 말인지 이해가 안 되는데요?"

   YES! → "지금 말한 내용에서 ○○○은 무슨 의미인가요?"

3. 잘못 말했을 때는 변명하지 않고 인정한다.

4. 말꼬리 잡거나 반대를 위한 반대를 하지 않는다.

5. 의견을 말할 때는 주어진 시간과 규칙을 지킨다.

아이의 인간관계는
공부로 직결된다

"엄마, 나 학원 안 가면 안 돼? 학교도 가기 싫어."

갑작스러운 아이의 말에 엄마는 놀랐다. 그동안 즐겁게 학원에 다니는 줄 알았는데 그게 아니었던 걸까? 학교까지 가기 싫다는 말에 가슴이 철렁했다. 어쩌면 일시적인 투정일지도 모른다고 생각하려는데 아이의 표정이 심상치 않았다. 엄마가 나직이 물었다.

"왜? 무슨 일 있어?"

아이는 입을 꾹 다문다. 평소 속마음을 잘 보여주지 않는 아이라는 것을 알기에 찬찬히 달랜다.

"엄마는 잘 다니는 줄 알았는데 갑자기 가기 싫어진 이유가 궁금해. 괜찮다면 말해 줄래? 지금 얘기하기 싫으면 생각해 보고 말하고 싶을 때 엄마한테 얘기해줘."

30분쯤 지나자 아이가 엄마에게 다가왔다. 엄마는 언제든 이 야기를 나눌 생각으로 거실에서 책을 읽던 중이었다.

"엄마, 미나 알지?"

"응, 알지. 우리 딸이랑 제일 친한 친구잖아."

엄마의 말을 듣자마자 아이는 울 듯한 표정이다. 엄마는 덜컥 하는 마음을 가다듬고 아이의 말을 기다렸다.

"엄마, 미나가 이상해졌어. 자꾸 나를 노려보고 나를 쳐다보면 서 다른 친구들이랑 귓속말해. 나랑은 말도 안 하고…. 그래서 학 원에서 공부가 안돼. 학원에 같이 다니기 싫어. 그냥 학교만 다니 면 안 돼?"

미나는 아이의 절친이다. 함께 유치원에 다니며 친하게 지내던 미나와 초등학교에 들어가서도 같은 반이 돼 다행이라고 여길 정 도였다. 딸이 그런 미나 때문에 공부도 안 되고 힘들다는 것이다.

"얘기하기 힘들었을 텐데 엄마에게 말해 줘서 고마워."

엄마는 마음을 진정시키고 간절한 눈빛으로 자신을 바라보는 아이에게 말했다.

"그동안 학교생활도, 학원 생활도 많이 힘들었겠구나. 엄마가 도와줄 방법이 있으면 말해 줄래?"

"없어. 엄마가 나서면 놀림만 받을 거야."

"선생님한테 말씀드릴까?"

"싫어. 안 돼. 소문나면 친구들이 나한테 유치원생이냐고 할 것 같아."

"그럼 넌 어떻게 하고 싶은 거야?"

이 질문에 아이는 입을 닫았다. 이야기를 잘 들어주던 엄마가 갑자기 아이를 몰아세우기 시작했기 때문이다.

친구는 아이의 현재를 뒤흔드는 문제다

아이가 교우 관계로 힘들어할 때, 부모는 자신의 대인관계보다 더 예민해진다. 친구의 중요함을 알기 때문이다. 아이들은 친구의 영향을 많이 받는다. 아이가 학교에 들어가고 부모에게서 서서히 독립해 나가는 과정에서 비워낸 관계의 공간을 상당 부분 차지하는 것이 친구다. 때로는 부모보다 더 끈끈한 유대감을 맺기도 한다. 때문에 아이가 친구로부터 상실감을 느끼는 것은 매우 무겁고 까다로운 문제다. 공부에 영향을 주기도 하고, 모든 의욕을 잃어버릴 정도로 친구 관계는 아이의 인생을 뒤흔든다.

친구와 문제가 생긴 아이를 보는 부모는 조금이라도 빨리 해결해 주고 싶은 의욕이 앞선다. 그러나 섣불리 개입할 수도, 처리할 수도 없다. 앞의 이야기에서도 아이는 엄마가 나서는 것을 원치 않았다. 이처럼 아이가 개입을 허락하지 않는다면 문제의 밖에 있는 부모가 상황 가운데로 들어가서는 안 된다. 다만 폭력이나 욕설이 오갔다면 아이의 허락과 상관없이 즉각적인 개입이 필요하다. 부모가 아이의 친구 문제를 대신 해결해 주는 것은 좋은 방법이 아니다. 당장은 편할지도 모른다. 하지만 아이의 친구 관계에 부모가 평생 나설 수 있는 것이 아니라면 결국 상황을 해결해야 하는 것은 아이 자신이다. 처음에는 만족하기 어려울 것이다. 불안하기도 하며 실패도 경험할 것이다. 하지만 점점 나아지며 스스로 해낸다. 이를 참지 못하고 부모가 성급히 개입하면 아이는 친구 사이에서 소외되거나, 점점 관계 맺기를 어려워할 수도 있다.

따라서 부모는 아이의 친구 관계에서 자신의 역할이 약이 될지, 독이 될지 신중히 판단해야 한다. 섣불리 해결하려다 오히려 꼬일 수도 있다. 어른의 개입이 필요한 상황이라면 아이가 조금이라도 상처를 덜 받도록 하며, 가능하면 아이가 도움을 요청할 때까지 개입하지 말고 기다려주는 게 좋다. 그렇다고 '애들끼리 그럴 수 있지', '다 그러면서 크는 거야'라고 무심히 넘어가거나 방관하면 안 된다. 그럼 어떻게 해야 할까?

듣자, 듣자, 끝까지 듣자

우선은 아이와 대화하며 문제를 파악해야 한다. 어떤 문제든 해결의 열쇠를 가지고 있는 것은 아이다. 부모의 역할은 빨리 해결하는 게 아니라 아이에게 '잘 물어보고 잘 들어주는 것'이다. 아이의 말을 듣는 동안 부모의 마음이 무너져 내릴 수도 있다. 그러다 보면 아이의 감정을 헤아리기보다 빨리 해결하려는 마음에 선부른 결론을 내리거나 끝까지 듣지도 않고 이런 말을 한다.

"애들이 못됐네. 걔들 전화번호 알아?"

"엄마가 네 친구 엄마들 만나서 이야기할까?"

"선생님한테 말하지 왜 혼자 속상해하고 있었어?"

부모의 이런 반응에 아이는 더 힘들어진다. "안 돼! 그게 무슨 방법이야?" 하며 말을 막기도 한다. 그리고 '괜히 말했어'라며 후회한다. 부모도 아이와 이야기 나누며 해결은커녕 미궁 속을 헤매는 듯해 화가 치민다. 해줄 수 있는 한계가 분명히 보이기도 한다. 사실 아이와 친구의 문제는 부모가 대신해 줄 일이 거의 없다.

이럴 때 부모는 끝까지 듣고 들어주며 또 들어야 한다. 아이가 부모의 개입을 원하지 않는다는 것은 속상하니 위로해 달라는 것이다. 혹은 해결보다는 공감받고 싶다는 표현이기도 하다. 그러니 부모는 하고 싶은 말이 있어도 아이가 말을 하도록 말길만 터주고 들어야 한다. 진심으로 들어주기만 해도 아이 스스로 해결책을 찾는 경우가 많다. 딱히 해결책을 못 찾더라도 충분히 진정되고 괜찮아질 수 있다. 아이는 모든 문제에 답이 있는 게 아니라는 것도 알게 된다. 아이의 친구 문제로 대화할 때 부모가 다음 세 가지를 지켜준다면 아이는 관계에 대한 진지하게 성찰해 보는 값진 경험도 할 수 있다.

✎ 문제를 해결하려는 의욕을 내세우지 말자.
✎ 아이가 해결할 수 있다고 믿자.
✎ 아이가 원하는 방법을 최대한 존중하자.

이런 마음으로 부모가 잘 묻고 잘 들으면 아이가 말하는 동안 아이는 스스로 해결책을 찾을 수 있다. 자신의 잘못으로 비롯된 것인지, 친구의 문제인지, 시간이 지나면 괜찮을 상황인지, 선생님께 도움을 청할 일인지에 대해 정리도 한다.

한 가지 더 주의할 점은 설령 내 아이가 잘못해서 발생한 문제라도 비난이나 지적하지 않는 것이다. "네가 그러니까 그런 문제가 생긴 거지"라는 말은 관계에서 흔들리는 아이를 무너지게 한다. 중요한 것은 문제 해결보다 감정 해결이 우선이라는 사실이다. 그러니 아이의 상처를 덧나게 하는 말은 하지 말자. 마음을 읽어주는 것만으로도 아이는 위로받고 스스로 해결할 의지를 다진다. 기댈 곳이 있는 아이는 그 힘으로 일어설 수 있다.

아이의 성적에 영향을 주는 친구 관계

중학교 때 친구들 때문에 공부를 못 했던 어느 엄마의 이야기다. 당시 반에서 트리오로 불리던 세 친구가 있었는데 세 명의 성적은 중하위권이었다. 그중에서 한 친구(상담한 엄마)의 성적이 올랐다. 목표가 생겼기 때문에 나름 노력했는데 성적이 껑충 오른 것이다. 종례 시간에 선생님이 그 친구를 칭찬했다.

"이번에 10등 안으로 들어왔네. 이대로 열심히 하면 다음엔 더 높은 성적도 받을 수 있겠다. 모두 박수!"

선생님의 칭찬과 친구들의 박수를 받은 기쁨은 잠시였다. 그때

부터 문제가 시작됐다. 나머지 두 친구가 따돌리기 시작한 것이다. "너는 공부해야 하잖아"라며 둘이서만 놀거나 "너는 범생이잖아"라며 둘이서만 손을 잡고 하교했다. 셋이서 어울리는 것에 익숙한 그녀는 외톨이가 된 느낌에 학교에 가기 싫어졌고 세상이 두려워졌다. 그때부터 공부를 하지 않았고, 성적이 떨어지자 원래의 친구들에게 돌아가 다시 어울렸다.

"그때 제가 엄마와 속마음을 터놓고 의논했다면 인생이 달라졌을 거예요."

그 말을 들으며 공감했다. 당시 아이가 느꼈을 소외감과 공포를 부모에게 털어놓고 부모가 든든한 지원자가 되었다면 지금처럼 후회하는 일은 없었을 것이다.

아이에게 친구는 커다란 세계다. 성적에 영향을 줄 수 있으며 친구 관계가 아이의 앞날을 좌우하기도 한다. 모든 친구와 문제없이 잘 지내면 더없이 좋겠지만 친구 관계에 문제가 생겼을 때는 부모와 의논할 수 있어야 한다. 그래야 친구 문제가 좌절로 끝나지 않고 성장의 계기가 될 수 있다.

'이번 기회에 그런 아이들과 절교해라', '다른 좋은 친구들과 새로운 관계를 쌓아라'라는 말은 도움이 되지 않는다. '다 잊고 공부에 집중해라'라고 한다면 친구 문제로 스트레스를 받은 아이에게 반항심만 일으키기 쉽다.

"그럴수록 열심히 공부해야지. 그래야 친구들이 너를 무시하지 않아."

이 말을 들은 아이는 공부가 문제가 아닌데 공부로 끌고 가는 부모가 원망스럽기만 하다. 아이의 말을 차분하게 듣고 아이의 말에 공감하면서 마음을 헤아리는 과정을 가져야 한다.

앞서 미나라는 친구 때문에 힘들어하던 아이의 고민을 들은 부모라면 이렇게 말할 수 있다.

"학원에 가지 않는다면 네 마음이 조금은 편해질까(문제가 해결될까)?"

"학원 시간대를 바꿔보면 어떨까?"

아이가 원하는 것이 무엇인지 충분히 공감하며 아이에게 다른 선택지도 제안하는 것이다. 경우에 따라서는 이런 말도 좋다.

"세상에는 다양한 사람들이 있고, 친구들 마음도 모두 제각각이란다."

이런 대화를 했다고 해서 아이의 친구 문제가 모두 해결되는 것은 아니다. 하지만 아이는 이 과정에서 위로받고, 억울함을 해소하고 자신을 들여다보며 건강한 친구 관계를 맺는 능력을 키운다.

"앞으로도 의논해 주렴"

아이의 친구 문제는 의논 한 번으로 해결되는 문제가 아니다. 그리고 언제든 반복해서 일어날 수 있다. 다음에 비슷한 문제가 생겼다면 "아직도 해결이 안 된 거야? 네가 문제 있는 거 아냐?"가 아니라 "그랬구나. 어떻게 하면 좋을까"라고 말하자. 아이가 다시 의논할 수 있도록 언제든 문을 열어두어야 한다. 이 말도 잊지 말고 해주자.

"노력해도 바로 해결되지 않을 수도 있어. 앞으로도 엄마 아빠와 의논하자. 우리는 언제나 네 곁에 있을 거야."

마음이 불편하면 공부에 집중하기 어렵다. 아이에게 큰 비중을 차지하는 친구 관계는 아이의 성적을 직간접으로 좌우한다. 아이의 친구 관계가 무탈하고 원만하면 좋겠지만 그렇지 못할 때는 누구보다 부모의 진심 어린 위로와 조언이 필요하다. 아이와 의논하고 해결점을 찾아가는 든든한 지원자, 상담자 부모라면 아이의 친구 문제를 아이가 성장하는 계기로 만들어준다.

어느 날 아이가 스스로 공부하기 시작했다

초판 1쇄 발행 2021년 11월 17일

지은이 임영주
발행인 안병현
총괄 이승은 **기획관리** 송기욱 **편집장** 박미영
기획편집 김혜영 정혜림 조화연 **디자인** 이선미 **마케팅** 신대섭

발행처 주식회사 교보문고
등록 제406-2008-000090호(2008년 12월 5일)
주소 경기도 파주시 문발로 249
전화 대표전화 1544-1900 **주문** 02)3156-3681 **팩스** 0502)987-5725

ISBN 979-11-5909-880-2 (03590)
책값은 표지에 있습니다.

• 이 책의 내용에 대한 재사용은 저작권자와 교보문고의 서면 동의를 받아야만 가능합니다.
• 잘못된 책은 구입하신 곳에서 바꾸어 드립니다.